永遠の翼 F-4ファントム

小峯隆生［著］
柿谷哲也［撮影］

F-4EJ初号機が日本に到着した1971年7月25日から1万7009日目の朝、格納庫から引き出されるファントム。今日も新たなドラマが始まる。

ファントム・ライダーたちの作戦会議。１ミッション８人、F-15の倍。老いた機体で何ができるか彼らがいちばんよく知っている。

機体と会話し、仲間と会話し、納得するまで面倒を見る。F-4はファントム・ライダーが飛ばす？いや整備員らが飛ばせているのだ。

ファントム・ライダーが乗り込む。整備員がアシストする。お互いを信じて、機体を信じて。

356
JET
DANGER
INTAKE

国産のAAM-3短距離空対空ミサイル、自己防御のための電波妨害装置ALQ-131改電子戦ポッドを提げて上昇するF-4EJ改。

開いたキャノピーのコックピットは開放的だが、閉ざされた空では己は孤独だ。バディは何を思い、何を伝えるのか。この機体も約半世紀、そのドラマを見てきた。

世界中の熱烈な航空ファンたちは思う。絶妙なデザイン、戦闘機たる力強さ、男のロマン。違う人生があれば迷わずファントム・ライダーになっていたはずだ。

「オン・ファイナル！」ランウェイエンドに集まる飛行機マニアは自らの熱量をコックピットに送る。20トンの巨体がレンズの中で迫ってくる。

ラダーペダルで調節しながらトレールを組んで滑走路に向かうファントム・ライダーたち。頭をめぐるのはミッションの攻略か、お気に入りのRockか。

ランウェイ03を離陸後急激なバンクをとってヘディング070度に機首を向ける。目指すはレンジ121。よくも悪くも男を試す高度3万フィートの世界。

“改”になる前のF-4EJ。日の丸の大きな「昭和のファントム」。ソビエト機と鎬を削った冷戦期の雄姿だ。

沖縄復帰30周年を記念したトリコロール・ボウで身を包んだ第302飛行隊のF-4EJ改302号機。整備員のセンスを感じる。(吉田信也)

“ナイト”を終えて戻ってきた機体に整備員が潜り込む。点検のライトが幻想的だ。

RF-4EJは胴体下ステーション5にセンサーを搭載。写真のTACERポッドは電波情報を収集する偵察装置。

アフターバーナーを点火すれば２基で推力160キロ・ニュートン。ブレーキリリースから約10秒でエアボーン。

97-8427

「西に富士、東に筑波」そのさらに東に広がる百里原に筑波のガマガエルの巣がある。第301飛行隊の部隊マークは、そのカエルにちなむ。現在のガマを率いるのは音速のサムライたちだ。

ラストチャンス・チェックを終えるとパイロットは整備員に敬礼、そしてその手で手を振った。女性整備員古家２曹はこの瞬間が「感動」と言う。たぶんみんなもそう。

三菱重工小牧南工場で定期点検中のRF-4E909号機と、半世紀にわたってサポートし続けた技術者たち。その技術は世代を超えて受け継がれ、日本の安全保障を陰で支えた。

はじめに

　それは筆者が初めて知ることだった。前著『蘇る翼F－2B』の取材で、東日本大震災当時、松島基地司令だった杉山政樹《すぎやままさき》元空将補にインタビューした時である。
　震災時、杉山氏は基地のトップとして災害対処の陣頭指揮にあたっていたが、つねに補佐役に同期か部下を選び、その表情や声のトーンを観察しながら、意見を聞いて決断していたという。
「実は震災時の松島基地の装備部長が防衛大学校の同期生で、昔から気心の知れた、信頼のおける男だったのです。だから、彼に相談や提案をした時、彼が無理と言ったら、だめなんだと判断していました」（杉山氏）
　戦闘機のパイロットは、単座機か複座機かで二種類に分けることができる。F－15イーグル戦闘機など単座機のパイロットは基本「寡黙」。それに比べて複座のF－4ファントム戦闘機のパイロット出身者はよくしゃべる。この複座機の経験が震災時に役に立ったという。

複座機のパイロット特有の気質や思考方式があるというのは思いもよらなかった。いつか、F‐4戦闘機のパイロットたちの現場を見てみたいと思った。

『蘇る翼F‐2B』が刊行されて間もなくの2017年夏、取材時にお世話になった方々を招いた宴席で杉山氏と再会した。筆者（小峯隆生）はすぐに思いを伝えた。

「航空自衛隊のF‐4ファントムが、間もなく退役しますね、そこで次はF‐4に関する本を書いてみたいんです」

杉山氏は筆者の提案には答えず、携帯電話を取り出し、どこかと連絡を取り始めた。

「いま兄貴にメールを送りました。返事を待ちましょう」

意味不明の言葉だった。しばらくして杉山氏がメールの返信を確認すると言った。

「あっ、やれますよ」

「なんですか？」

「F‐4ファントムの件です。兄貴がお手伝いしようとのことでした」

「その兄貴って、どなたですか？」

「私の先代の第302飛行隊長で、今は空自のトップの杉山空幕長ですよ」

なんとも素早い対応に驚き、筆者はあんぐりと口を開け、そこにビールを燃料のように流し込んだ。

こうして本書の制作が開始された。

F－4EJ戦闘機——それを大空で自在に操縦する者たちを「ファントムライダー」と呼ぶ。消えゆくF－4ファントムは、これに関わった人々に何をもたらしたのか？　かつて単座戦闘機で戦った搭乗員たちは「大空のサムライ」と呼ばれた。ファントムの搭乗員たちは大空のなんであったのか……。

目次

登場する方々の役職・階級などは取材時のものです。

1　F‐4だから長く活躍できた──杉山良行前空幕長

マルチロール機のさきがけ

第34代航空幕僚長・杉山良行《すぎやまよしゆき》空将は、生粋のF‐4パイロット「ファントムライダー」である。

２０１７年12月、筆者は防衛省航空幕僚監部に退任直前の杉山空幕長を訪ねた。タックネームは「テレビ」。（タックネームとは、空自のパイロットが機上での無線交信などの際に用いるニックネーム。名前の発音しにくさ、聞き取りにくさを解消し、同姓同名の者がいる場合の区別、また交信から個人名を特定されないためなどの理由から各国空軍の戦闘機パイロットの慣行になっている）

──F‐4ファントムとの関わりは、いつからですか？

「最初の部隊配置が当時、F‐4に機種更新中だった百里基地の第３０１飛行隊。そこがいちばん初めでした。だから、最初からファントムライダーですね。飛行時間は１７８０時間。Ｆ‐４のパイロットとしては多くないですよ。Ｆ‐４には飛行隊長で勤務した時まで乗り、その後は松島基地司令の時にＦ‐２に機種転換して、35時間くらい乗りました。でも先代の岩崎茂空幕長から『Ｆ‐４は練習機だ。二人乗りは戦闘機とは言わないんだ』と、よくからかわれましたね。岩崎さんは単座のＦ‐１０４戦闘機のパイロット時代に、空戦訓練で複座のＦ‐４戦闘機にさんざんやられた記憶があって、そのくやしさからＦ‐４は練習機と悪口をたたくんですよね」

――Ｆ‐１０４Ｊスターファイターは、空自での愛称は「栄光」でした。その次の主力戦闘機がＦ‐４ＥＪで「ファントム（幽霊）」という名前ですが、現場ではその印象や評判はどうだったのでしょうか？

「いや、別に違和感はありませんでした。漫画の『ファントム無頼』（史村翔原作・新谷かおる作画）を読んで、ファントムに乗りたいと思ったくらいですから。だってファントムは格好いいじゃないですか」

――空幕長のおっしゃるとおりです。ファントム、格好いいですよね！　Ｆ‐86、Ｆ‐１０４と続き、次がＦ‐４でした。この役割はなんだったのですか？

「当時は画期的な飛行機だったんです。新世代の戦闘機でレーダーが強力で、レーダーミサイルが撃てて、世界でも最強の戦闘機と言われていた。だから、コクピットの後席から後方が見えにくいの

1971年のF-4EJ導入から10年後、能力向上が施され1984年にF-4EJ改が就役。日本のF-4は約半世紀も第一線に就いた。写真の第301飛行隊が最後のF-4EJ改を任される。

も『この飛行機は強いので後ろを見る必要がない』からだと、まことしやかに語られていましたね」

——戦闘機で後方視界が悪いのは、よくないですよね？

「ダメダメ。でも、F-104だって最後の有人戦闘機と言われましたが、武装はヒート（赤外線追尾）ミサイルが、せいぜい4発でした。F-4はヒートミサイル4発に、さらにレーダーミサイル4発を加えて計8発。さらに、20ミリ機関砲、爆弾も搭載できる画期的な戦闘機です。しかも、空白が現在運用しているF-4EJ改はF-16戦闘機と同じレーダーを搭載して、中身は大きくリニューアルされて飛躍的に能力が向上しました。今はやりのマルチロール機のさきがけですね。第

4世代のF‐15と比べると機動性では負けるので、1対1の空戦は勝てない。でも、私は空戦訓練で2対2では、F‐15に勝ったことがありますよ。単座だと空中戦では周囲の状況が見えない局面が出てきます。複座のF‐4の場合、前席はこっちを見ているから、後席はあっち、そして今こっちは大丈夫だという具合です。コクピットに目が四つあるのは、やはりすごいんですよ。単座機のパイロットにはそういう有利さが理解できないんですね」

複座機式会話術

――F‐4での「ホットスクランブル（国籍不明機に対する緊急発進）」の話をお聞かせください。

「当時、ジュラルミンの銀色の機体に赤い星が描かれたソ連の飛行機を見たら、本当に興奮しました。複座のコクピットの中で二人とも高揚した気持ちになり、ソ連機の搭乗員の顔がはっきり見えて、こちらの写真を撮って、『やったぜ』という感じのジェスチャーをしたりするんだよね。こっちもカメラで撮りますよ」

――冷戦時代の防空の最前線は、緊張感ばかりではなく、時にはなごやかな雰囲気もあったんですね。この複座機パイロットの経験が空幕長になられてから、役に立ったことはありますか？

「そもそも複座機は協調性がある者どうしでないと組めませんから。だから、複座機によってコミュニケーション能力が身についたと思います。F‐4では前後に搭乗しますから、お互いに顔が見え

2017年12月、退任直前の杉山良行空幕長を訪ね、F-4パイロット時代の貴重な話を伺った。ここから半年に及ぶ取材の旅が始まった（右は筆者）。

ない、つまりアイコンタクトできない状態でコミュニケーションするのは大変です。地上では顔を見ながら話せますから楽ですよ。だから、いわば複座機式会話術を持っていると、指揮官、幕僚業務をやる時はとても役に立ちます。たとえば機上では、こちらの意志が瞬時に相手に伝わるようにしなければならない。機外との交信があったり、いろいろと機器の操作をしなければならないので、あーだこーだと長く説明できません。お互いに短く正確に、正しく判断できる情報を与えなければなりませんから。複座戦闘機は乗っているうちにお互いをよく知り、自分のスキルが鍛えられる場ですから、これが地上で活きます」

――空幕長として職務上、指揮統率していくうえで、複座機式会話術の極意はありますか？

「相手に気持ちよく仕事させる心配りです」

――退役間近いＦ‐４の評価をお聞かせください。

「本当によく働いてくれたと思います。まさしく一時代の主力戦闘機として、日本の防衛を支えてくれました。Ｆ‐４はとにかく頑丈なんです。この機体だからこそ、こんなに長く活躍したと言えます」

――今後、複座戦闘機を知らない空白の後輩たちにメッセージをお願いします。

「無人機の時代になっても、操縦する人間は必要です。マシーンを動かす人間が空白の中心にならなければならないというのは未来永劫変わりません。この原則だけには忠実であって欲しいです」

2　F‐4の戦力を使い切る

前後席の連携が強さを発揮する——柏瀬靜雄第7航空団司令

果てしなく続く平らな土地が広がっていた。江戸時代、ここは九十九里浜よりも広い原野と言われ「百里原《ひゃくりがはら》」と名づけられた。

爆音が轟いた。その方向を見上げると、上空に機影を認めた。空自のF‐4EJ改ファントムだ。翼を翻して鹿島灘に機首を向ける。冬の淡い陽光が翼をギラッと反射する。日本刀の刀身が光ったように見えた。

筆者はその機影が飛び上がった地点を目指して車を走らせた。そここそ日本で最後のF‐4飛行隊の生息地、航空自衛隊・百里基地である。

基地正門に到着。広報担当の秋葉樹伸《あきばしげのぶ》3佐の案内で基地内に入った。最初に雄飛園に向かった。そこには「雄飛の碑」とともに「百里原海軍航空隊慰霊碑」がある。太平洋戦争末期の沖縄戦では、ここ百里原から操縦訓練に用いられていた35機の航空機が特別攻撃に出撃し、85人が散華した。その御霊に祈りを捧げる。

次に「F‐4EJ飛行隊発祥の地」の石碑を見学し、F‐4の最後の姿を記録する取材がスタートした。

会議室に光輝く男が入ってきた。第7航空団司令兼百里基地司令の柏瀬静雄《かしわせしずお》空将補。地対空ミサイルを運用する高射部隊指揮官として日本の防空を担ってきた。

「『ファントム無頼』を読んだのがきっかけで防衛大学校、そしてパイロットを志しましたが、パイロットになれませんでした」

防大学生時の視力検査ではOKだったが、幹部候補生学校入校後の視力検査で引っかかった。

「遠距離視力というのがありまして、それが1・0なければならないのが、0・9でした。ほかはすべて合格でしたが、これだけだめでした」

パイロットへの道が断たれたのだ。しかし、F‐4ファントムが引退する基地の司令になったのは、やはり何かの縁だろう。

「ファントムが導入され、いちばん最初に配備されたのが、ここ百里です。そしてここで退役します。その最後の団司令を任されたことは、本当に責任重大です」

パイロットになれなかったことで、航空自衛官を辞めていたかもしれない。ところが空将補に昇進して、最上級の現場部隊指揮官になっている。

「職種、職務に優劣はありません。そんな心理になれたから続けられています。航空自衛隊は機能別組織の集合体なんです。飛行群、整備補給群、基地業務群と、各隊のどこか一つが崩れると、任務は足し算ではなく掛け算なのでゼロになってしまいます。だから各隊の責任は重い。槍にたとえるなら、その穂先は飛行隊、つまりパイロットですが、それを支える各機能がしっかりしていないと、その戦力を発揮できません」

この考えに至ったことで、パイロットになれなくても自らを前進させて任務を遂行してきた。しかし現在、指揮官として手にする槍は40年以上経過した古い機体。これを飛ばすのは大変な仕事だ。

「第7航空団、偵察航空隊のファントムも、可動率はしっかりと維持しなければなりません。ファントムを最後までしっかり戦力として使い切らなければならないんです」

F‐15、F‐2、F‐35の各戦闘機部隊のいわば「しんがり」としてF‐4は戦っているのが現状なのだ。

「戦力を使い切るには戦闘技術面が大切です。これについてはF‐15と戦って勝てるんですか?という議論になる。つまり空戦で優位性を確保できるんですか?という話ですよ」

柏瀬団司令の言葉に、筆者は一瞬考えた。F‐4の最大の強みは杉山空幕長が言っていた複座戦闘機、二人乗っていることだ。だから、これを活かすことではないか。

筆者は「そこは運用次第ではないでしょうか」と答えた。

「そうです。おっしゃるとおり。戦技は維持だけではダメです。対抗機は性能が上がっているけど、こっちの性能はそのまま。そこで勝つためには戦技を向上させないとならない。練成訓練を徹底して、パイロットを含めて新しい戦法を考えて、どうやって勝てるかを考えさせて実践する」

F‐4には二つの頭と八本の手足が乗っている。この連携が強さを発揮するポイントだ。さらに老朽化した機体を、整備部門はつねに可動率を維持し、安定した運用ができるようにしなければならない。

「運用面と整備面がしっかりと両輪を支えて、最後までファントムを戦力として保持する。これが大切な任務です」

百里基地の一日は、午前8時15分の国旗掲揚から始まる。

柏瀬空将補が執務する団司令兼基地司令室にも、「パッパパー」というラッパが鳴り響く。柏瀬団司令は姿勢を正し、国旗掲揚を見守る。その位置はつねに決まっている。

「航空自衛官なんだという意識。そして、第7航空団司令兼百里基地司令としての自分の職務はなんだということを再認識します」

国旗が基地の各所で掲揚され、隊員たちの一日が始まる。

「飛行隊は輝いている。うちの飛行隊は強いですよ。これは肌感覚で感じるんです」

かつて団司令が高射隊長に補職され、着任した時、分屯基地に入った瞬間にビリビリとするものを感じたという。それこそ強い部隊の証しである。その皮膚感覚で今も毎日、部隊を見て回る。

「とくに航空団の中でも輝いていなければならないのは、槍の穂先である飛行隊です。飛行隊には必ず言っています。『君たちが最後までしっかりとつねに光り輝いていなければならない。そこを支えている基地の皆のため、そして日本のために諸君には、その責任がある』と」

第7航空団司令 柏瀬静雄空将補。「ファントムを最後までしっかりと戦力として使い切る」 F-4部隊を率いるラスト・コマンダー。

2年前、柏瀬団司令が着任したばかりの頃、百里基地から第305飛行隊を新田原に送り出し、代わって第301飛行隊を受け入れた時、団司令はそれぞれ飛行隊には雰囲気の違う精強さがあることを感じた。部隊への訓示では次のように述べたという。

「各隊の任務、組織はそれぞれ違う。それをよく確認し、しっかりと掌握して、そして自分の個性をもって自分の隊のいちばん精強なイメージをしっかりと描け。そして、それに部隊が合致するように練成しろ。その方法は各隊長に任せる。しかし最終責任は私にある」

柏瀬団司令は、ひと呼吸置くと、光り輝く頭のてっぺんを見せながら「俺が光り輝いてもダメなんだ！はははは」と豪快に笑った。

空飛ぶ修行道場——辻正紀第7航空団副司令

第7航空団副司令（当時）の辻正紀《つじまさのり》1等空佐。その風貌は眼差しが鋭く、野生的な雰囲気を放っている。

まだ若く、鼻っ柱が強かった1尉の頃の辻は、第301飛行隊で直情径行のパイロットだった。そこに市ケ谷の航空幕僚部から、飛行隊に総括班長として着任してきたのが、杉山政樹3佐だった。のちの3・11当時の松島基地司令である。

当時、自信にあふれ、周囲のことを構うよりも自身の腕を磨くことだけに熱中していた辻1尉は、「はー偉くなる人は、こんな人なんかね」と、珍しく杉山総括班長のことが気になった。

「人柄がよくて、上司、部下を問わず、多くの人たちから信頼が厚い。何でだろうと思っていましたね」

辻は、そこで自分の理解者を見つけたのだ。

「無茶苦茶やっても、それを唯一、認めてくれた人が杉山総括班長でした」

F‐4の前席に杉山総括班長が、後席に辻に乗ったことがあった。キャノピーが閉まり、滑走路にタキシングして、F‐4は大空に舞い上がった。大空で前席の杉山総括班長は辻にひと言、短く伝えた。

「ブービー（辻のタックネーム）、やりたいようにやれよ」

その瞬間、辻の肩からすーっと力が抜けた。

「たぶん、あのひと言がなかったら、どこかで挫折して、自衛隊を辞めていたかもしれません」

杉山統括班長が黒澤明監督の『七人の侍』のリーダー、島田官兵衛ならば、辻は三船敏郎演ずる菊千代だ。菊千代は大太刀を愛用していた。辻は背中に抜身のファントムという太刀を背負っている。

ところで、「ブービー」というタックネームはどこから付いたのか？

いちばん最初に築城の第304飛行隊に配属された。その頃、築城基地では「たぶん、こいつが最後か、最後から2番目くらいだろう」ということで、「ブービー」となったという。

辻は、主力戦闘機がF‐4からF‐15に移行する最後の時代に配属されたファントムライダーだった。

若く気鋭のパイロットならば、当時最新鋭のF‐15に乗りたいはずなのにF‐4に乗ることになったのは、外れを引いた思いだっただろう。しかし、辻は違っていた。

「正直に言うと、自分の操縦技量はそんなに高くない。うまくなかったんですよ。それで二人乗りは一人乗りより安全なので、むしろF‐4でよかったんですよ。一人乗りのF‐1戦闘機で超低空を飛ぶ難しいミッションを任せられるのは無理だな、F‐4への配属は当然だろうなという自覚はありました」

しかしF‐4だからこそ、ここまでパイロットでやってこられたのだと、辻は思っている。

実際、日米共同演習での空戦訓練中、敵機役の米軍機を「今、撃墜できる！」と、とっさの判断で、無茶な、そして危険な機動を仕掛けた時、後席パイロットがそれを止めて助かったことがあった。

「複座でよかったなー、と心から思いましたね」

F‐4のパイロットの場合、新人の当初は後席に乗り、前席の教育係を担当している先輩から徹底的にしごかれる。

「尊敬できる先輩が何人かいるんですけど、その人たちから考え方、技術や精神論を聞いて、ここはこうするんだと教わりました」

こうして鍛えられた辻は後席から憧れの前席に移った。それとともに第301飛行隊に配属された。

「301はベテランばかりいる飛行隊、つまり教育部隊なので、さらに彼らからいろいろと教えられるわけです。そういう教えの一つひとつがなかったら、どこかで失敗していたなという気がしますね」

失敗は死に直結している。戦闘機パイロットは危険といつも隣り合わせだ。

「私が考えるファントムのいちばんいいところは、人を作ってくれるところですかね。ファントムファミリーといって、毎回、同じ人間と乗るわけではないので、誰と組むかわからない。だから誰とでも信頼関係を築かないと、やっぱりうまくいかない」

F‐4は人を作る空飛ぶ修行道場である。とくに後席では、まず戦闘機乗りのスピリットを叩き込まれる。

「24時間、寝ている時もフライトのことを考えろ！」

フライトといっても、ただ飛ぶだけではない、空戦で勝たなければ戦闘機乗りではない。そして、ファントムライダーとしていちばん重要なことを学ぶ。

「信頼を失うことは絶対にするな！」

それは戦闘機乗りとしての操縦技量、判断力、すべてを凌駕する。敵機を撃墜する以前に前席からの信頼を得る。

「人として信頼を獲得する、そういう人物にならないとダメだっていうことです」

元第7航空団副司令 辻正紀1等空佐。「複座機は誰と組むかわからない」。F-4部隊は信頼関係を築く「教育部隊」でもある。

第301飛行隊の若きパイロットだった辻にその手本を示してくれたのは、杉山総括班長だった。そして、今度は自ら人に手本を示すファントムライダーになった。

「飛行隊は一つのファミリーで、まず前席と後席お互いの信頼がないと、心を一つにした集団はできません。濃密な人間関係を築く。そしてよい意味でいい加減、自由奔放なのがF-4の部隊だと思います」

辻副司令は、これを実践していたから部隊を束ねられるのだ。辻が沖縄の第9航空団副司令として勤務していた頃、航空ヘルメットに派手なマーキングを施していた。

「派手なのが好きなんですよ」と屈託なく笑う。

パイロットによっては派手さを徹底的にストイックなまでに排除するタイプもいる。ところが辻はまったく正反対だ。戦国武将の直江兼続が兜に「愛」の一字を掲げたように派手なアピールを好む者もいる。自由闊達な気質がヘルメットにも具現されているのだろう。

ファントムライダーたちは、各自、独特の複座機式会話術を持っている。辻の場合、杉山総括班長から、その極意を学んだのかもしれない。

「たとえば前席も後席も緊張している。ここは危ないという場面に、どんな言葉をかけるか？だと思うんです。杉山さんとは阿吽《あうん》の呼吸でした」

地上からはるか彼方の高空。F‐4には二人のライダーがコクピットの狭く閉じた空間にいる。前席の辻は、後席の緊張が足りないのを背中越しに感じる。

「これ、どうなっている？」

辻は後席に突然声をかける。後席はハッと気がついたように緊張を取り戻す。不意に話しかけることで相手に気づかせ、現実に引き戻す。これが辻の複座機式会話術だ。

反対に相手をリラックスさせなければならない時もある。後席が緊張しすぎていると感じ取ると、違う会話術を使う。

「しりとりでもやるか？　ではファントム」

後席が焦って答える。

「ムム、無心」

「はい、アウト」

後席から笑い声が聞こえる。緊張はほぐれた。そんな辻は一度だけ、機上以外での会話で感動したことがある。航空総隊戦技競技会（戦競）に出場した時だ。戦競期間中は前席後席のメンバーは同じで、機付整備員たちも固定される。

その時、一人の若い整備員が、先輩の整備員たちから怒鳴られながら、これから空戦勝負に飛び立つF‐4を懸命に整備していた。

「彼は、ふだんから無口な男なんですよ。訓練本番の直前、これから発進しようという時に、私たちに『生きて帰ってきて下さい』と声をかけてきたんですよ。これがいちばん印象に残っていますね」

まさに、その整備員にとっても、戦競はファントムライダーと同様、生きるか死ぬかの実戦と認識し、心を一つにしていたのだ。辻はもちろん生き残って帰ってきた。列線に戻りキャノピーが開く。発進前、声をかけてきた整備員が乗降用のラダーを持って待ち構え、コクピットに駆け上がってきた。

辻と彼の間に言葉はいらなかった。辻は笑みを浮かべた。それに応えるように彼も笑みを返した。ファントムライダーも整備員もフライトのたびに成長する。

辻副司令は時どき思い出すことがある。

「よく、空中であの時、あの判断をしたなと思い返すことがありますね。でもなぜ自分がそう判断したかわからない」

筆者は思う。それはF‐4ファントムがそうさせたのだ。危険を回避するため、神の見えざる手のように飛行機自身が辻の握る操縦桿をちょいと動かしたのではないのか。

「右でも左でも後から考えると、どちらでもいいんだけど、何か左に行かなきゃいけない。その瞬間はなぜかそうするしかなかった。操縦する私の意志や感覚を超えているような気がします」

人知を超えたところにファントムは、その名のとおり存在する。

「機上の私には機械という感覚はないです。生き物というか、なんか一体化するというか。性能を最大限に発揮させないと、機体から言葉で表現できない反応があります。『お前はこれを全部、活かし切っているのか?』と問いかけられている感覚ですね」

かつて騎馬武者は人馬一体となって戦った。搭乗員、戦闘機一体と化したファントムになっているのだ。

辻副司令は毎朝、第301、第302飛行隊、アラートハンガー(警戒待機格納庫)を見て回る。変わった様子はないか、いつもとは違う雰囲気が漂ってはいないか……。長年、ファントムで培った皮膚感覚でそれを確認して、副司令室に戻る。

飛行隊の隊員、アラートハンガーに待機するパイロットたちは、辻副司令の巡回を受け、心も新たに一日が始まる。

F-4EJ改最初のパイロット—岡田雄志第7航空団飛行群司令

第302飛行隊が沖縄・那覇基地に所在していた当時、この飛行隊長を務めていたのが杉山政樹氏で、そこで総括班長を務めたのが、第7航空団飛行群司令（当時）の岡田雄志《おかだゆうじ》1等空佐である。

その物腰、しゃべり方から、筆者は再び映画『七人の侍』を思い出した。志村喬が演ずる七人を率いる島田勘兵衛が、第302飛行隊長の杉山氏とするなら、岡田群司令は、勘兵衛の補佐役の加東大介演じる七郎次だ。

「つねにリーダーの横で一歩引いて控えているが、いざという時は進んで前に出るタイプ。いい配役だなー」。筆者は心の中で呟いた。

筆者が事前に杉山元飛行隊長から聞いていた話を伝えた。

「気遣いのできるよい男です。私が飛行隊長時代、総括班長としてたいへんサポートしてくれて、隊長を務めることができたのは彼がいたからです」（杉山氏）

「あー、そうですか、ご本人の口から直接、お伺いしたかったですね」

岡田群司令は、遠くを見ながら懐かしそうに笑われた。その様子はまさに七郎次。居酒屋で隣に座って飲んでいても、まさかこのオジサンが戦闘機パイロットだとは思わないだろうが、本当に強い男は多くを語らず、自ら名乗ることはない。その風格には静かながらも鋭さがあった。

そもそも総括班長の仕事とはどんなものだろう。

「飛行隊には、飛行班長、整備小隊長、それから総括班長がいます。所属する隊員の住宅、勤務管理とか、被服、出張の手当てなど、さまざまな細かい業務を担当するんですよ」

つまり飛行隊長は細かい雑務を総括班長に任せておけばよい。

岡田群司令は、すぐに補う。

「そうかもしれませんが、杉山さんも気配りの方なので、つねに隊員の様子を見ながら『何か困っていることでもあるのか？』と機微を察して声をかけていましたよ」

岡田群司令のタックネームを聞いた。

元第7航空団飛行群司令 岡田雄志1等空佐。302飛行隊が国防の最前線の沖縄にいた時代に総括班長を務めていた。

「ブルです」

一度噛みついたら離さないブルドックにちなんだものだろうか。

「そう言われますが、初任地の小松基地とコマツ（建機メーカー）のブルドーザーにちなんでいます。小松にブルありと言われたいと思いましたね」

以来、タックネームは変わっていない。

岡田は京都府八幡市にある飛行神社のお守

りをコクピットに持参する。

間もなく退役するF・4EJ改。その名のとおりF・4EJの改良型で、レーダーなど電子機器をすべて入れ替える近代化が施された。

F・4EJとは別物といっていいほど性能が向上したF・4EJ改は、その運用も一変した。後席のTR（トレーニング・レディ：訓練態勢）訓練を受けた最初のパイロットが岡田なのだ。

普通ならば、地上のシミュレーターで訓練してから実機に搭乗する。しかしEJ改のシミュレーターはまだ出来上がっていなかった。

「分厚いマニュアルをドンと机の上に置かれて『まずこれを読め、それからだ』と言われましたね」

ぶっつけ本番のテストパイロットと同じだ。岡田はF・4EJ改での初フライトで後席に乗り、

F-4EJ改は新型のAYK-1エアデータコンピュータ、F-16戦闘機と同じAPG-66Jレーダーを搭載することで射程延長型のAIM-7Fスパロー中距離対空ミサイルを搭載できるようになった。

そこで初めて電源の入った改のコクピットと対面した。

岡田は、飛びながら生まれ変わったファントムを学んだ。

「基本的にはレーダーが、当時のF-16と同じものに変わりました。それまではロービデオのレーダー表示で、必死に調整して映るか映らないか。『あっ、ギリギリ映っている。あーまったく映らない。待って待って、ちょっと映った。あー映ってきた』という職人技の世界だったんですが、それが完全にデジタル自動化されて、余分な操作から解放された、そういうレーダーになっています」

「武装のコントロールも変わりました。HUDが付いて、ベロシティベクターが表示されるようになって、当時いちばん進んでいましたね」

正面のキャノピーに各種飛行情報が表示されるＨＵＤ（ヘッドアップディスプレイ）だ。文字どおり頭を上げたまま操縦できる。今までは飛行諸元、高度、速度、方向などを表示する計器を見るために視線を移していたのが、その必要はなくなった。

ベロシティベクターって何……？と思っていると、岡田群司令が補足説明してくれる。

「ベロシティベクターというのは、ＨＵＤに丸い形のシンボルが表示されて、自分がどこを飛んでいるか、このまま飛んで行くと、どこに向かうかわかるんです。着陸であれば、その表示を適正な位置に保持すると正しい進入ができる。ノーズが上がると滑走路の奥に丸い表示が移動する。本来の正規の着陸進入角度になっていないとひと目でわかります」

「ＨＵＤにはロックオンの表示も出ます。ＥＪと改は違う飛行機という印象でした」

岡田はＦ‐４ＥＪ改の第１号ファントムライダーである。

次章では、インタビューを離れて、Ｆ‐４ファントムの開発史および航空自衛隊導入の経緯と現況について紹介しよう。

3　航空自衛隊とＦ‐４ファントム

米海軍の艦載機として設計

航空自衛隊がＦ‐４ＥＪを導入する約15年前、ファントム誕生のきっかけは１９５２年にアメリカ海軍が各メーカーに空母で運用する超音速戦闘機の開発を提案したことに始まった。

海軍はマクドネル社のＦ３Ｈ‐Ｇのモデルを選び、試作機ＹＡＨ‐１が完成。この機体がＦ４Ｈ‐１の名称に変更され、初めて「エフフォー」を名乗ることになった。Ｆ４Ｈ‐１には試作の段階でＪ79エンジンを採用することや４発のスパロー・ミサイルの搭載を前提に開発が進み、１９５８年５月27日、初飛行にこぎつけた。

アメリカ海軍は１９４０年代に採用したＦＨファントムの愛称を採って、Ｆ４Ｈ‐１に「ファント

F-4開発当時はミサイル神話の始まり。しかし、機関砲を搭載しないで登場したF-4は空中戦で不利なことも判明した。F-4D（写真）を経てF-4Eには20㎜機関砲を搭載した。

ムⅡ」という愛称を付けたが、FH戦闘機は有名ではなかったので、当時からF4H-1は、「Ⅱ」を外してただ「ファントム」と呼ばれていた。

F-4H-1がアメリカ海軍に実戦配備され、F4H-1はF-4Aと改称、さらに能力を向上したF-4Bを空母に載せ、ベトナム戦争に参加させた。

F-4の開発がスタートした時期は、アメリカ空軍がF-104の開発を始めたころとほぼ同じである。初飛行はF-104が4年早く、当時、最新鋭の戦闘機だった。しかし、アメリカ空軍は、海軍パイロットに評判のよい、この大型戦闘機に興味を持ち、1962年にF-4Bを空軍仕様にしたF-110A「スペクター」の名称で採用を決めた。

この名称は同年、米軍の航空機の命名法統一でF‐4Cとなった。もし命名統一が行なわれなかったら、日本のF‐4EJはF‐110C「スペクター」だったかもしれない。

F‐4Cは海軍のF‐4Bにはなかった後席の操縦装置が設けられ、パイロット二人体制がこの時から始まった。空軍はさらにレーダーや爆撃計算機などを近代化したF‐4Dを開発し、すぐにベトナム戦争に投入した。しかし、このF‐4C／Dは空中戦で不評を買った。

第一次世界大戦以来、戦闘機にとって必須だった機関砲がF‐4C／Dに搭載されていなかったのだ。ミサイルに信頼を置き始めた時代に設計されただけあって、機関砲はいらないというコンセプトだったが、ベトナム戦争で北ベトナム空軍のMiG‐17やMiG‐21に近接格闘戦を挑まれると、ミサイルでは対抗できない局面が多く発生した。

空中格闘戦向けに改修されたF‐4E

アメリカ空軍はF‐4Dをベースに近代化改修型となるF‐4Eの開発を進め、1967年6月30日に初飛行を行なった。現場の要求どおり、F‐4Eは機首に20ミリ機関砲を搭載した。しかし、本来その部分は電子機器があっただけに、バルカン砲の振動が電子機器に影響を与える不安もあった。それを解消するために機首を延ばし、バルカン砲の周囲に防振や放熱の仕組みを設けたので、電子機器との間に距離ができた。そのため、それまでのF‐4シリーズとは外観が異なる「ロングノーズ・

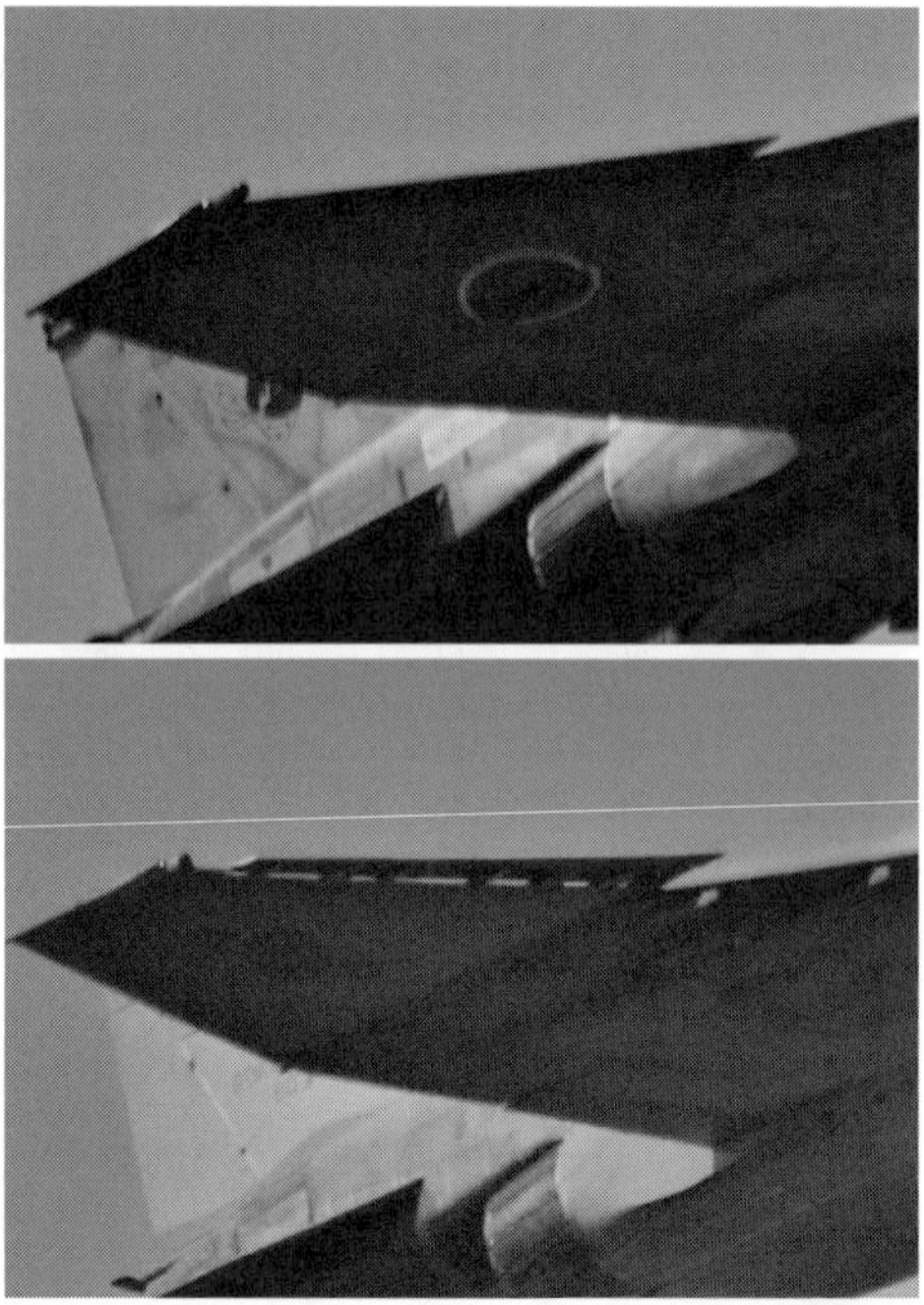

（写真上）日本のF-4EJは高速化のため外翼前縁のスラット（隙間）を廃止。（下）各国のF-4Eは空中戦での機動性を優先するため固定スラットを装備した。

ファントム」となった。F・4Dの全長が17・74メートル、F・4Eは19・20メートルなので、146センチも長いことになる。

　F・4Dでミグ戦闘機との空中戦を経験したパイロットたちは高迎え角の姿勢時に横スピンに入りやすいクセがあることに気づき、これを改善するためにF・4Eの生産途中から翼の前縁に隙間を空けたスラットがあるモデルが登場した。

　これは空戦スラットと呼ばれ、内翼（上反角のない翼の胴体側の部分）の前縁スラットはこれを前方に出したり、翼に引き込み一体化させたりでき、外翼（内翼の外側で上反角の付いた部分）の前縁スラットは巡航時と高迎え角の際にスラットの角度を変えるだけで引き込みはできない仕組みになっている。

この両翼4か所の前縁スラットを作動させることによりスピンを防止するだけなく、この使用時には最大で半径200メートルほど旋回半径を縮めることになり、空中戦で効果を発揮した。

以後、西ドイツのF‐4Fやアメリカ海軍のF‐4Sもこの空戦スラットを採用するようになった。一方で航空自衛隊が採用したF‐4EJでは空戦スラットは除去した。この空戦スラットは機動性を高める一方で加速力や最大速度を落とすことになり、緊急発進で加速して上昇し最大速力で未確認航空機に接近する必要性がある要撃戦闘機にとっては「必要なし」との判断が下されたのだ。いろいろな形状を実機で試験し採用された空戦スラットだったが、この日本の判断を知ったメーカーの開発陣はどのような感想を持っただろうか。

12か国が採用した戦闘機のベストセラー

F‐4ファントムⅡシリーズは、日本のF‐4EJを含め5195機が生産された。各タイプを採用した国は12か国にのぼる。そのうちF‐4Eは1370機が生産された。約950機を実戦部隊や試験機、訓練機に使用したアメリカ空軍以外に9か国がF‐4Eを採用している。

日本は独自仕様のF‐4EJとして唯一ライセンス生産もして140機を導入した。イスラエルは86機を導入してすぐに実戦で使用している。のちに120機あまりの中古も導入している。

イランは177機を導入してイラン・イラク戦争に投入した。72機を導入したトルコと56機を導入

西ドイツはF-4EからスパローN能力を外したF-4Fを採用。MD社は単座型を提案したが設計変更費用が高騰したため、結局、複座型を運用した。

したギリシャは敵対関係にあり、F・4使用国で唯一、空中でF・4どうしで対峙したが、戦闘には至っていない。のちにトルコは110機、ギリシャは28機の中古も手に入れた。

37機を新造で導入した韓国もあとから66機の中古を手に入れている。ちなみに韓国はF・4Eの前にF・4Dも導入しているが、このF・4Dは一部を国民の寄付金で購入した機体だった。F・4Eは全額を国家予算で購入している。

F・4Eの簡易版であるF・4Fを175機も導入した西ドイツは損耗補充分として10機のF・4Eを導入した。オーストラリアは発注したF・111Cの納入が遅れたため、わずか3年間だがF・4Eを24機リースで導入している。

以上の9か国が新造のF・4Eを導入した国で、エジプトが中古で46機を導入した。なおこれらのF

‐４Ｅの中古機はすべてアメリカ空軍機で、導入国が第三国に転売した例は今のところない。

２０１８年８月現在、Ｆ‐４Ｅを運用している国は日本、イラン、トルコ、ギリシャ、エジプト、そして韓国の計６か国。このうち最初にリタイアするのは日本で、ラスト・ファントムの国はおそらくトルコだろう。トルコは１９９６年ごろから52機をイスラエルＩＡＩ社提案の近代化改修を行なっている。その名も「Ｆ‐４Ｅ ２０２０」。２０２０年代でも使えることを目指した名称だ。

韓国はＦ‐35Ａの配備と引き換えにＦ‐４Ｅをリタイアさせていく。昨今の朝鮮半島情勢から韓国がリタイアしたＦ‐４Ｅを予備機として保管していくことはないだろう。

実戦を戦ったファントムたち

アメリカ空軍がＦ‐４Ｅをベトナム戦争に投入したのは１９６８年。主な任務は戦術爆撃であった。１９７２年のラインバッカーⅠ作戦では、10個のＦ‐４Ｅ飛行隊が爆撃任務と爆撃部隊のエスコート任務についている。

爆撃任務中や空中哨戒中に遭遇した北ベトナム戦闘機との空中戦では、戦争終了までにＭｉＧ‐19をスパロー・ミサイルで２機、20ミリ機関砲で１機、武器を使わない機動飛行で１機を撃墜している。

ＭｉＧ‐21はスパロー・ミサイルで８機、サイドワインダー・ミサイルで４機、サイドワインダーと20ミリ機関砲の併用で1機、20ミリ機関砲で4機撃墜している。

Ｆ-４Ｅだけで合計21機の北ベトナム戦闘機を撃墜している。なおＦ-４Ｃ、Ｆ-４Ｄも合わせるとアメリカ空軍は２１４機のミグを撃墜（ほかに2機大破）している。

湾岸戦争（１９９１年）にはＦ-４Ｅは参加していないが、Ｃ型の偵察型ＲＦ-４ＣとＦ-４Ｅの改造型で「ワイルドウィーゼル」と呼ばれるＦ-４Ｇが参加している。

Ｆ-４Ｇはイラク軍の対空ミサイル陣地や対空機関砲の対空レーダーの電波を探知し、発射源を対レーダーミサイルで破壊する対地攻撃ＳＥＡＤ（敵防空網制圧）任務専用機として改造され、まだ余裕のあるＦ-４Ｅの機首に電子機器やレーダーを大型化するなどの改造が施されているが、外観はほとんどＦ-４Ｅと同じである。

デザート・ストーム（砂漠の嵐）作戦には24機が参加し、開戦初日からレーダーサイトを次々に破壊し、湾岸戦争中は１０００発以上のミサイルを発射しているが、イラク軍の対空砲火により1機が損失している。

アメリカ空軍はＦ-４Ｇを１９９５年まで使用し、練習機として使用していたＦ-４Ｅは１９９６年に退役させている。

アメリカ以外でＦ-４Ｅを実戦（空対空と対地攻撃）に使用したのは今のところイスラエルとイラン、そしてトルコだけだ。

米海軍では1986年に第一線を退き2004年まで標的機として使用。米空軍は1996年に退役し、標的機として2016年まで使用した。写真は米海軍最後のF-4、QF-4N標的機3030号機。

イスラエルは1969年、導入から1か月もしないうちにエジプトのミサイル基地に対地攻撃を行ない、その翌月には機数不詳のF-4E編隊が16機のMiG-21Jと遭遇し、5機を撃墜した。

1973年から始まったヨムキプール戦争（第四次中東戦争）では、イスラエルは地対空ミサイル・対空機関砲によりF-4Eだけで約30機が撃墜されている。その後も1982年のレバノン侵攻で対地支援攻撃を行なうなど積極的に実戦に投入している。損耗の早さと次々と新鋭戦闘機を導入するイスラエルは2004年にF-4Eを退役させた。

イランはイラン革命前にF-4Eを導入したが、イラン・イラク戦争時には部品供給の不足で可動率が下がっている。それでもイラクの原子炉や空軍基地などへの爆撃任務を多く実施した。また1984年に2機のF-4Eがサウジアラビア空軍の2機の

イランは米国との関係悪化による部品供給困難で米国製航空機の可動率が下がったが、今は国産部品で可動率は上がった。写真は2016年の軍事パレードでの展示飛行。

F‐15と空中戦になり、F‐4Eは2機とも撃墜されている。

イランのF‐4E整備士の証言では、イランは外国企業から予備部品（イスラエル、トルコなどが出元とみられる）を輸入し、2000年初頭から再生工場が機能したため、現在は可動率が上がっているという。そのおかげか最近ではイラク領内のテロ組織「イスラム国」やシリア国内の反政府勢力に対して攻撃を行なえるほど実戦態勢が整っている。

トルコ空軍はこれまでF‐4Eを実戦参加させたことを明言していないが、トルコは1978年からクルド人武装勢力に対する武力攻撃を続けており、2010年以降はイラク北部クルド人居住地域の武装勢力に対してF‐4Eが対地攻撃を実施していることが明らかになっている。

2012年にはシリア国内のクルド人武装勢力の

トルコ空軍F-4E2020ターミネーター。イスラエルIAI社で改修設計。多機能ディスプレイ、ワイドアングルHUD/HOTAS、地上移動ターゲットインジケータなどを装備。

拠点に対してトルコ陸軍が支援するシリア反体制派の作戦にＦ・４Ｅが対地支援攻撃で参加し、この作戦でシリア軍の地対空ミサイルによって、１機が撃墜されたのが確認されている。

実戦ではないが、韓国のＦ・４Ｅパイロットの証言を一つ紹介する。

北朝鮮本土を爆撃できる戦闘機としてＦ・４Ｅを韓国が導入した１９７８年は、まだ北朝鮮の航空戦力も侮れず、虎の子だったファントムの温存と再発進を目的に在日米軍の岩国基地や横田基地、あるいは板付基地に避難する想定の訓練が定期的に行なわれていた。

有事の際、日本の自衛隊基地や民間空港に代替で着陸する場合に備えて、日本の官憲に提示するための日本語書類も携行し、日本の防空識別圏ギリギリまで接近して航空自衛隊のＦ・４ＥＪがスクランブ

韓国空軍のF-4E。80年代にAVQ-26ペイブタック照準ポッドや射程約80kmのAGM-142G/H地対空ミサイル・ポップアイを搭載できるように改修された。

ルをかけてくる前にUターンする訓練だった。

戦闘機の究極の使命が「戦闘」であれば、これら戦闘を経験した機体の生涯は幸せであるといえるだろう。ただ領空侵犯対処、警戒監視、偵察など実力行使をともなわない実任務も「実戦」である。日本のファントムもまぎれもなく最前線で「実戦」を経験したといえるのだ。

混乱した第2次主力戦闘機導入計画

第2次主力戦闘機導入計画（F‐X）の策定が始まる1966年ごろ、航空自衛隊はF‐86F、F‐86D、F‐104J／DJ戦闘機を配備していたが、1968年度までに97機のF‐86Dはすべて退役し、F‐86Fは8個飛行隊約300機、F‐104J／DJは7個飛行隊約200機になることが見込まれていた。

さらにＦ‐Ｘの配備が始まる１９７２年頃にはＦ‐86Ｆもほとんど退役し、Ｆ‐１０４Ｊ／ＤＪも１個飛行隊の減少が見込まれていた。

そこで全天候能力、格闘戦闘能力、高高度機動能力、高速目標・低空目標対処能力、対電子戦能力において、Ｆ‐１０４Ｊ／ＤＪより優れた総合的防空要撃能力を有する戦闘機を選択する必要があった。

１９５６年からの第１次Ｆ‐Ｘ計画では、Ｆ‐１０４に内定したが最終的にＦ‐11Ｆタイガーが選定された。ところが、この選定の経緯が不透明であると国会が紛糾し、選定やり直しとなって、結局Ｆ‐１０４に決定した経緯があった。

しかし、10年後に始まった第２次Ｆ‐Ｘ計画（Ｆ‐86の後継）では、Ｆ‐１０４の時のように選定がやり直しになることなくＦ‐４Ｅに決まった。それはＦ‐４Ｅの性能がカタログ上でも実績でもライバル機を押しのけてダントツで抜きん出ていたからだ。

ただ、すんなり決まったように聞こえるが、決定に至るまで国会の混乱は続いた。

Ｆ‐４Ｅは性能が高いゆえ、さらに当時拡大しつつあったベトナム戦争でのＦ‐４Ｃの爆撃能力の高さが、憲法論議にまで発展し、野党の追及で総理大臣が「Ｆ‐Ｘには爆撃能力を持たせない」とまで言明する事態に至った。よってＦ‐Ｘは爆撃能力のない日本仕様となり、Ｆ‐４Ｅは採用後にＦ‐４ＥＪという名称が与えられた。

採用を目指し争ったF－4Eのライバルもまた航空史を彩る個性的な戦闘機であったことは確かだ。

当初から候補に名を連ねたのは、アメリカでも最新鋭のジェネラル・ダイナミクスF－111、すでに各国が主力として採用しているノースロップF－5と、のちのYF－17となる計画機のP530、初飛行が行なわれたばかりのダッソー・ミラージュF－1（フランス）、攻撃機として開発が進んでいたSEPECATジャガー（国際共同・イギリス、フランス）、すでに配備から5年が経過し不具合が多く見つかっていたBACライトニング（イギリス）、短距離離着陸性能と整備性が売りで初飛行したばかりのサーブ37ビゲン（スウェーデン）、そしてF－104の発展型ロッキードCL1010－2があった。

このほか候補に挙がった戦闘機には、ベトナム戦争で爆撃任務の主力機として使われ始めていたリパブリックF－105や、マッハ3のSR－71偵察機の迎撃戦闘機型で開発が中止されたばかりのロッキードYF－12など、およそ採用の見込みがない機種もあり、国会でも問題になっていた。野党もよく調べたもので、F－5は「軍事援助用として後進国にくれてやっている飛行機で、マッハ1・5にも満たない要撃能力の劣る機種を候補に選ぶこと自体おかしい」（社会党・大森創造議員）と指摘し、最初からF－4Eありきで話が進んでいる感が強かったのも事実だ。

1967年秋に航空自衛隊の海外資料収集班は米、英、仏、西独、伊、スウェーデンで実機を調査している。この結果、Ｆ－１１１Ａ、ビゲンなど10機種が候補から外れた。

新機軸の可変翼を装備していたＦ－１１１Ａだが、空対空戦闘時の機動性が高くなく、その証拠に米空軍も、のちに海外で唯一採用したオーストラリア空軍も戦闘爆撃機として採用している。オーストラリアは２０１０年に退役させた。

ビゲンは航続距離や飛行特性に不安があったとされるが、のちの複座練習機型ＳＫ37、写真偵察型

空幕はF-4E以外にも８機種を候補機として示すが、いずれも当て馬であった感は否めない。能力的に不足のあるノースロップF-5E（上写真）、SEPECATジャギュア（中）やジェネラルダイナミクスF-111C（下）は戦闘機ではなく対地攻撃機であった。

ダッソー・ミラージュＦ１はミサイル４発を搭載するマッハ２級の戦闘機。FXの要求性能には比較的近く、調査団はフランスで調査飛行も行なっている。

ＳＦ37、洋上哨戒型ＳＨ37と発達の仕方が日本のＦ－４Ｅと似ており、候補機に挙がったこともうなずける。

　だが、選定ではＦ－４Ｅの性能には及ばないと判断されたのは当然であった。ビゲンはスウェーデン空軍のみ採用し、輸出機はないまま２００５年に現役を退いている。

　Ｆ－Ｘ候補機を絞り込んで最終的に調査団が実機に搭乗して調査した候補は３機種。Ｆ－４Ｅは約30回の飛行を行ない、２機を使っての空中格闘、バルカン砲の射撃などを実施している。

　ミラージュＦ－１は単発エンジンであったが、Ｆ－４Ｅがなければ要求にかなり近い戦闘機であった。試作１号機が１９６７年５月に墜落したことが選定の足かせになり、飛行調査は難航したが、他機種を使って２機による格闘戦も調査している。

　デビュー当時のミラージュＦ－１は30ミリ機関砲２門とＲ５３０中距離ミサイル１発しか搭載できず、１９７９年に能力向上するまで要撃機としては非力であったといえるが、フランス空軍の主力と

ロッキードCL1010-2の原型となったF-104S（CL901）は調査団も飛行調査した。イタリアが導入し、マッハ2.4、スパローミサイル４発を搭載できる。（Photo:Aldo Bidini）

なったほか、14か国が採用され、空中戦も多く経験している。ただ、日本では前例のない欧州機の採用は不安があったようだ。

F‐X候補で唯一実機がなかったのがCL‐1010‐2。CLで始まる名称はロッキード社の社内モデル番号で、すでに日本が採用していたF‐104の発展型としての計画機であった。とはいえ前段階の生産機となるF‐104S（CL‐901）がすでに完成していて、F‐X調査団は1機のF‐104S（CL‐901）で10回飛行し、F‐86H相手に空中戦を試している。

F‐104S（CL‐901）はR‐21Gレーダー搭載によりスパロー中距離空対空ミサイルを運用でき、J79エンジンを1基搭載し、最高速度はマッハ2・4であった。イタリア空軍が迎撃戦闘機として採用し生産が始まったばかりだった。

CL‐1010‐2はペーパープランだけだったが、日本が採用を決めてから生産するとの情報がロッキード社から伝わり、調査段階では候補として入っていた。

F・104SはF・4と同じJ79系列エンジンを搭載するが、CL・1010・2はF・14トムキャットと同じTF30エンジンを搭載する可能性があり、翼面積が広くなって飛行特性の向上を目指していた。TF30エンジン単発は不安だが、機体サイズはのちの支援戦闘機型や偵察機型にも発展できそうな十分なポテンシャルがあったといえよう。

そのような先見があったのか、3機種の飛行調査の結果、F・4Eとともに残ったのはなんと実機のないCL・1010・2であった。

当時、防衛庁が見積もっていた金額がF・4Eは約19億円、CL・1010・2は15億6千万円、全備重量が重いF・4Eでは滑走路の耐荷重補強が必要なところ、CL・1010・2は現状のままでもよく、採用後の経費負担も少ない。そして、F・4Eで問題となっていた爆撃装置を持っておらず、単座機でパイロット充当と経費の節減など費用対効果がよいことなどがF・4Eより優位な点とされた。

調査団による飛行調査から約2か月後の1968年11月1日、増田甲子七防衛庁長官が佐藤栄作内閣総理大臣にF・Xの採用機を報告したのは当然のようにマクドネル・ダグラスF・4Eであり、総理大臣はすぐさま承認した。

F‐4Eを採用した主な理由は2点。一つ目は性能面。飛行性能、戦闘能力、開発、生産、後方支援関係、安全性および成長可能性でF‐4Eがトップだったこと。二つ目は費用対効果。同一の防空任務に必要な飛行隊数について、F‐4Eが最小の飛行隊数でまかなうことができ費用対効果がよいという運用分析の結果だった。

また、計画中T‐X（のちのT‐2）にからんで、複座のF‐4Eの採用は戦闘機パイロット養成に適しているという理由もあった。

実はその前月にロッキード社はCL‐1010‐2の開発と生産を「日本で行なってくれ」と空幕に打診してきていた。日本初の国産ジェット戦闘機の開発というビッグチャンスではあったが、完成までに時間がかかり（空幕は1976年と見積もった）、防空体制に不備が出ることは明らかだった。

歴史に「もし」はないが、ロッキード社が早く手を打っていれば、のちの三菱F‐1戦闘機は違ったデザインの戦闘機だったかもしれない。そしてCL‐1010‐2が採用されていたらおそらく、現在は耐用年数がとうに過ぎ、第4次F‐X の選定も早められ、本書も存在しなかったであろう。

時代の最先端だった日本版ファントム

F‐Xに採用されたF‐4Eは、日本仕様のF‐4EJとしてマクドネル・ダグラス社による完成品（1号機と2号機）を輸入し、1971年7月25日に小牧に到着した。その後、マクドネル・ダグ

マグドネルダグラス・セントルイス工場で完成後、試験飛行を行なうF-4EJ 1号機。機体下面に衝突防止センサーを装備している。（「航空情報」提供）

ラス製の11機分のノックダウン・キットを輸入して三菱重工で組み立てた。日本が使用したＦ・４ＥＪのうちマクドネル・ダグラス製はこの13機となり、以後は三菱重工がライセンス生産することになった。

なお、マクドネル・ダグラス社以外でＦ・４を生産したのは三菱重工だけだ。Ｆ・Ｘ決定時には調達数が１０４機だったが、のちに沖縄返還にともない那覇基地に1個飛行隊を配置するための24機と、第３次Ｆ・Ｘの選定遅れでＦ・１０４Ｊの減少が見込まれたために12機の追加生産があり、最終的には１４０機に増えた。

アメリカのＦ・４Ｅと比べると日本版Ｆ・４Ｅの特徴は、要撃専用に特化した仕様であることであろう。Ｆ・Ｘ選定の争点ともなったF－4Eの爆撃能力は国会で佐藤総理大臣が爆撃装置の非搭載を事実上約束したことで決着し、この能力差がF－4EとF－4EJの最大の相違点となった。

F－4Eに搭載されていた爆撃関連の装置はASQ－91兵器投下コンピュータ、AJB－7全姿勢爆撃コンピュータ、ARW－77ブルパップ空対地ミサイル制御装置、そしてDCU－9／A核兵器制御装置で、これらはF－4EJには搭載されていない。

F－4Eの空中給油装置を無効化することについては、今では「当時国会で問題になったため」とされているが、国会で野党はこの件について一度質問しただけで問題化していない。実のところ、当時は日本が空中給油機を持っていなかったこと、米空軍との空中給油の必要性もなかったことや周辺国への配慮が与野党や防衛庁内でも共通認識だったのかもしれない。そのためF－4EJは空中給油装置を外板で覆っただけの措置にとどまった。

一方で、アメリカ側からF－4EJに搭載が許可されなかった装置が最新のAPR－36／37レーダー警戒装置で、代わって東京計器が開発したAPR－2レーダー警戒装置を搭載。航法計算装置も同社製が搭載された。

日本独自の搭載機器としてはF－4EJ導入と時期を同じく導入が始まった防空システムである自動警戒管制システム（BADGE）とデータリンクするためのARR－670（日立製作所／東芝エレクトロニック・システムズ製）を搭載している。

日本側があえてF－４Eから外した装備もある。F－４シリーズでE型から装備した機能が主翼の前縁スラットだが、航空自衛隊では超音速時に空気抵抗によって加速力が悪くなる、あるいはスタビレーターの効きが悪くなるなどの理由であえて廃止している。こうしたことも日本のF－４Eが要撃に特化した独自の発展型であるといえる理由だ。

さらなる能力向上を狙ったF－４EJ改

F－X導入時に最高の性能を持って登場したF－４EJも、それからわずか10年で時代に合わせた能力向上が迫られた。

第３次F－Xに決まったF－15Jの1、2号機が岐阜に到着した約１か月後の１９８１年５月20日、三菱重工は１４０機目のF－４EJを防衛庁に納入し、航空自衛隊は続いて能力向上型F－４EJの研究を始めた。部内ではすでに「F－４EJ改」の名称が使われ始めていた。

１９８３年５月18日、三菱重工はF－４EJの通算１３１番目の機体（０７－８４３１）に対してF－４EJ改への改修作業を開始し、同機は翌年７月17日に初飛行。12月に航空実験団に引き渡され試験を重ねた。

量産型は正式にF－４EJ改の名称が与えられ、１９８９年に第３０６飛行隊から配備が始まり、試作機４３１号機も含め90機のF－４EJが「改」に改修されている。

数あるF‐4EJ改への改修点で最もF‐4EJの性能が向上したのは、F‐16A戦闘機と同じAN／APG‐66Jレーダーと、その能力を引き出し情報処理能力を向上させたJ／AYK‐1セントラルコンピュータ、そして各種の情報を一元的に表示できるヘッドアップディスプレイ（HUD）の搭載による火器管制システムの近代化だろう。

とくにAN／APG‐66Jレーダーは探知距離を伸ばしただけでなく、下方の目標を探知し誘導するルックダウン・シュートダウン機能を備えた。この機能強化は国籍不明機の低空侵入を許す結果につながったミグ25亡命事件（1976年）が背景にある。

セントラルコンピュータと火器管制システムはF‐15Jと同じ空対空ミサイルが使用できるようになったため、AIM‐7Fスパロー中距離空対空ミサイルとAIM‐9Lサイドワインダー短距離空対空ミサイルを搭載でき、さらにF‐1支援戦闘機が運用できるASM‐1対艦ミサイルも搭載できるようなった。

これによりF‐4EJ改は航空自衛隊の戦闘機で最も多様なミサイルを携行できる機種となった。また、F‐X選定時に問題となった爆撃機能がF‐4EJ改では追加され、セントラルコンピュータの爆弾投下計算により爆撃精度が向上している。

自衛装備では敵ミサイルの信号を探知し妨害電波を発射できるAN／ALQ‐131ECMポッドの運用能力、探知した航空機に対する敵味方を識別するAN／APX‐76AIFF質問装置が加わった。

また接近する敵ミサイルの電波を捉えて接近を知らせるJ／APR‐6レーダー警戒装置が搭載され、アンテナ部が垂直尾翼先端と主翼先端にあるので、F‐4EJ改の外観的な識別点になっている。

ファントムが配備された部隊

F‐4EJ、F‐4EJ改が配備された戦闘機部隊は第301飛行隊、第302飛行隊、第303飛行隊、第304飛行隊、第305飛行隊、第306飛行隊、そして第8飛行隊。

日本がF‐4EJを導入するにあたって新編された飛行隊が第301飛行隊で1972年に臨時F‐4EJ飛行隊として編成されて以降、F‐4EJとF‐4EJ改を装備し続けている。第302飛行隊も同様に1974年から配備を続けているが、2018年、三沢基地にF‐35Aの配備が始まった。第303、第304、第305、第306飛行隊は70年代から90年代にかけてF‐4EJとF‐4EJ改が配備されていたが、F‐15J／DJとの換装が進み、第301と第302飛行隊だけが残ったかたちだ。

1981年から1987年はファントム部隊が6個飛行隊も揃う黄金期であった。第302飛行隊は2018年度内にF‐35Aに機種更新予定なので、第301飛行隊がラスト・ファントムの部隊となり、49年間の長期にわたりファントムを使用し続けたことになる。

戦技競技会のため特殊な迷彩を施した第303飛行隊のF-4EJ。同隊はF-4部隊としては最も短期間となる1976年から1987年まで小松基地でF-4EJ/EJ改を使用。

ファントム使用部隊の中で、1桁の部隊ナンバーの第8飛行隊はほかの飛行隊とタイプが異なる。もともと支援戦闘機部隊としてF-1が配備されていたが、F-1の退役が進み、F-2A/Bの配備までの中継ぎとして、対地攻撃能力や対艦攻撃能力があるF-4EJ改を1997年から13年間装備したのだった。以上の7個戦闘機飛行隊のほかに、装備の開発や実験を行なう実験航空隊（のちに航空実験団/現在の飛行開発実験団）があり、実験航空隊はアメリカから最初に到着したF-4EJを受け入れた部隊で、飛行開発実験団となった今では最後に残ったF-4EJを装備している。

戦闘機部隊に配備されたF-4EJとF-4EJ改は千歳、三沢、百里、小松、新田

第306飛行隊は1981年から1997年に小松基地でF-4EJ/EJ改を使用。写真は展示のため厚木基地に飛来したF-4EJ改。

第8飛行隊は1997年から2009年まで三沢基地でF-4EJ改を使用。多くの機体は第306飛行隊から移され、2009年以降は第301と第302飛行隊に転籍する。

原、那覇に配備された。第３０１飛行隊は新編以来、百里基地に所在していたが、昭和60年3月に新田原基地へ移動し、平成28年11月に百里基地へ戻っている。第３０２飛行隊は、部隊発足は千歳基地だったが、１９８５年には那覇基地に移動している。そのわずか２年後の１９８７年12月９日、沖永良部島上空を領空侵犯したソビエトのＴｕ‐16Ｐ偵察機に対して自衛隊として初めて20ミリ機関砲で実弾警告射撃を行なっている。安全保障環境の変化により那覇基地にＦ‐15Ｊが配備されるのは２０09年のことで、以後同隊は百里に所在している。またＦ‐35Ａの配備に合わせて三沢に移動し、第３０１飛行隊が最後まで百里に残る部隊となる。

戦術偵察用のファントム

Ｆ‐４ＥＪの導入が決まり三菱重工でライセンス生産が始まったころ、もう一つのファントムの計画が始まった。航空自衛隊の偵察機はＦ‐86Ｆ戦闘機を三菱で改造した18機のＲＦ‐86Ｆが入間の第５０１飛行隊に配備されていたが、旧式化と減少が見込まれていたのでＲＦ‐Ｘとして新型偵察機の導入が急がれた。初期の調査ではベトナム戦争や台湾空軍で成果のあるＲＦ‐１０１も候補機に挙がったがすでに新造生産がなく、一方、Ｆ‐４Ｅの偵察型ＲＦ‐４Ｅは西ドイツ向けなど生産が継続中で、さらに日本はＦ‐４Ｅと同系列のＦ‐４ＥＪを装備しているため整備や運用の面では多くの利点があった。つまりＦ‐ＸのＦ‐４Ｅ同様に新偵察機の候補も最初からＲＦ‐４Ｅしか選択肢がなかっ

嘉手納基地に配備されていた米空軍のRF-4C。エンジンなどをF-4Eと同型にした輸出仕様がRF-4E。米軍はRF-4Eは使用しなかった。

たといえる。決定後はＦ・４ＥＪの生産ラインを使ったライセンス生産も検討されたが、新造機を輸入したほうが安いことが判明し全機完成機を輸入することとなった。当初は20機を配備する予定であったが、昭和47年度予算で14機の一括取得となっている。

１９７４年から配備が進み、１９７５年10月に第５０１飛行隊は入間から百里に移動した。配備された14機の機数では一飛行隊分にも満たないために、のちに６機から10機の追加も検討されたがマクドネル・ダグラスが生産を終了していたという理由などで実現しなかった。

Ｆ・４ＥＪ改の登場やＦ・15Ｊの導入が進むなか、救世主的なアイデアで登場したのは「改」に改修されなかったＦ・４ＥＪの「ＲＦ化」だ。ＲＦ・４ＥＪの名称で１９９３年から15機が第５０１飛行隊に配備され、現在、第５０１飛行隊はＲＦ・４ＥとＲＦ・４ＥＪの２機種を混成で「運用している。Ｆ・４ＥＪ改から偵察型に改修された機体はないので「RF－4EJ改」という機種はない。

RF－4Eはカメラベイを機首の下に配置し、そのためRF－4Eに20ミリ機関砲は搭載していない。外観も大きく異なりカメラベイの台形の窓が前方と側面にあるのが特徴だ。カメラベイの前方ステーションにはKS－87B前方偵察カメラ、その後方、低高度ステーションにはパノラマ撮影できるKA－56E低高度パノラミック・カメラか、側方の地物にあてた電波を受信して画像化するAPD－10D側方偵察レーダーを搭載する。この形態を「Low-pan」と呼んでいる。その後方にある高高度ステーションにもAPD－10Dを取り付けることができるが、ここに搭載されることが多いのはKA－91B高高度パノラミック・カメラで、広角レンズで高高度から広域を撮影することができる。この仕様は「High-pan」と呼ばれる。その逆に66インチ超望遠レンズを付けたKS－127長距離側方カメラは「LOROP」と呼ばれ、これをカメラベイに搭載するときはほかの偵察機材を載せることができない。このほか、コックピット位置の下の方に夜間も撮影できるAAS－18A赤外線偵察装置を搭載している。偵察対象によって低高度の「Low-pan」か、高高度の「High-pan」か「LOROP」か、搭載する機器を選ぶ必要があるのがカメラをたくさん積めない戦闘機型の偵察機の宿命だ。

RF－4EJは機首に20ミリ機関砲を残したままなので、機首にカメラベイはなく、代わって胴体下のセンターライン・ステーションにポッド式の偵察機材を搭載する。RF－4Eがデビューした当時はこうした偵察ポッドがなかったため、非武装の偵察専用の機体になったが、偵察ポッドの開発の

RF-4EJには望遠撮影の長距離偵察（LOROP）ポッド、光学、赤外線カメラ収納の戦術偵察（TAC）ポッド、戦術電子偵察（TACER）ポッドの３種類を用意。写真はLOROPポッド。

おかげで戦術戦闘機も偵察ポッドを付けるだけで任務を変更できるようになったことは画期的だ。後日Ｆ－15Ｊの偵察型が提案されているがこれも偵察ポッド式を想定していた。偵察ポッドは3種類え、ＫＳ－153Ａ低高度カメラ、ＫＡ－95Ｂ高高度カメラ、赤外線Ｄ－500偵察装置が1本のポッドに収まった戦術偵察ポッド、ＫＳ－146Ｂ長距離用LOROPカメラを1台収納した長距離偵察ポッド、写真や映像ではなく敵が発する電波を収集する戦術電子偵察（ＴＡＣＥＲ）ポッドがある。とくにＴＡＣＥＲポッドを使う電子偵察任務はＲＦ－４ＥＪのみが任される任務だ。

このように偵察航空隊は任務に応じた仕様でＲＦ－４ＥとＲＦ－４ＥＪを使い分け、作戦時には情報収集や、攻撃の成果を確認したり、大規模災害時には政府に必要な判断を迅速に提供する一番手の役割がある。

4　最後のファントムライダー

同じ性能なら単座より複座が強い

今の百里基地のファントムライダーは、どんな様子なのだろう？

「人数は少し減っていますが、昔のように和気あいあいで、厳しくやる時は厳しい。心を許せる本当に信頼できる仲間どうしという感じです。そんな雰囲気が今も残っている飛行隊かもしれないですね」（岡田群司令）

このような人間臭い仲間意識と気風はこれからも受け継いで欲しい伝統だ。

百里基地取材中、突然上空に８機編隊のさまざまな塗装をしたＦ－15ＤＪが飛来した。彼らは飛行教導隊、日本最強の空戦スペシャリストたちだ。８機のＦ－15ＤＪは華麗に１機ずつ翼を翻すと次々

小松基地から飛来した飛行教導隊のF-15DJ（後方）との空中戦を挑むために発進する第302飛行隊のF-4EJ改。飛行教導隊は全国の基地を巡回して敵役を務めながら訪問部隊の技量を高める役割がある。

に着陸した。

その技量と度胸はまさに最強の証しだ。飛行教導隊はF-4相手に空戦訓練をするために来ていた。

「教導隊の巡回は年度の目玉になるメインの訓練です。F-4は第3世代機ですが、いま持てる武器を使って、ここまでできるんだというところをパイロットは追求しています。F-4の運用が終わる最後まで精強な飛行隊として、戦える技を身につけるために継続して努力するのが今のモットーです」（岡田群司令）

いつでも空中で勝てる飛行隊を目指す。第3世代でも第4、第5世代機をねじ伏せる。その複座機空戦技術をF-4は磨き続ける。その精神を忘れることはない。

「同じ性能の飛行機だとすれば、単座より複座のほうが強い。空自から複座戦闘機がなくなるのは時代の趨勢です。複座が単座よりも戦力を発揮できるならば、その選択をすればいいんです。結局、最後は戦力発揮です」（岡田群司令）

大空ではつねに強い者が生き残る。筆者はF‐4が運用を終えても、複座戦闘機が育んできたパイロットたちのDNAが全飛行隊に行き渡って浸透して欲しいと願う。

「そうあって欲しいです。今の若い世代は『個』を尊重し、それが当然という雰囲気があります。昔だったら宴会やるぞと声をかければ、全員参加というのが当たり前だったのに、今は『いや、私は都合が悪いんで』みたいな若者がいますね。これは良い悪いではなく、現代の風潮でしょう」（岡田群司令）

F‐35Aに機種更新予定の第301飛行隊

第7航空団第301飛行隊――航空自衛隊史にその名を残す飛行隊だ。空自は1971年7月、F‐4EJを導入。1973年10月16日、同飛行隊は当時、この百里基地でファントムライダーの育成を開始し、1985年3月までこの地にあった。

そのライダーたちは各地の飛行隊の中核となり、最盛時には6個のF‐4飛行隊が日本の防空の任務についた。2016年、第301飛行隊は新田原基地から故郷の百里に帰ってきた。F‐4飛行隊発祥の地で、今度はF‐4を退役させるのだ。そして2020年にはF‐35への機種更新と三沢基地への移動が予定されている。

第301飛行隊の建物は薄い緑色に塗られた平屋だ。木札に墨痕鮮やかに『第三〇一飛行隊』と書

主翼の外側は12度の上反角、水平尾翼は逆に23度の下反角をもつデザインはF-4を特徴づける要素。水平尾翼は全遊動式。内舷側は排気熱から守るためにチタン製だ。

かれている。

建物の中に入ると左右に部屋が並ぶ。最初の右側が飛行隊長室。隊長は在室され、書類に目を通しているところだった。その行動が止まって、筆者に視線を向けたが、仕事を邪魔してはならないので、目礼して次の部屋に進む。そこは気象報告、作戦会議を行なう会議室。その壁に歴代の飛行隊長の写真が飾られている。

筆者が知っているのは第12代の織《お》田《りた》邦《くに》男《お》隊長。そして第20代の岡田雄志隊長。

その先はVTR室。部外者は立ち入り禁止。左側は飛行隊事務室、その先が応接室兼休憩室。その部屋には、入って左側の食器棚に飛行隊のマークの入ったコーヒーカップが並んでいた。戦闘機マニアは絶対に欲しい一品だ。

入り口から右側の壁は第301飛行隊の歴史を物語る写真が並ぶ。そして部隊の象徴の木彫りのカエルの像。そのカエルは飛行安全の願掛けのため皆に撫でられるのでピカピカに光っている。大阪の通天閣にある「ビリケンさん」は足を掻くと御利益があるとされているが、このカエルもそれと同じ役割を果たしている。

応接室兼休憩室の先が救命装具室。パイロットが飛行時に着用するヘルメット、Gスーツが保管されている。

廊下のいちばん突き当り、右側が搭乗員室。一人一脚のデスクが与えられている。机の上に不要な物はいっさい置かれていない。パイロット、搭乗員は、もともと私物は少ない。かつての零戦搭乗員たちは歯ブラシ、茶碗、食器とわずかな手回り品だけを携行して戦地を移動したという。

そして、左側の大きめの部屋がブリーフィングルームだ。ここが飛行隊の中枢である。壁際にカウンターがあり、さまざまな電子機器が稼働中だ。その手前にラミネートシートを敷いた細長いテーブルが連なる。各色のカラーペンシル（ダーマトグラフ）が缶に入れられている。

このカラーペンシルは航空地図にさまざまな表示、数字、経路などを書き込むために使われる。ラミネートシートの下に航空地図を入れ、使用する仕組みだ。

右側にはホワイトボード。壁には飛行隊のモットー『一飛入魂』が掲げられている。

気迫が溢れるブリーフィング

ブリーフィングルームでは長テーブルの端に飛行隊長が座る。手前のテーブルにF‐4に搭乗する二人と隊員がそれぞれ座る。

その日の訓練は滑走路脇に設置された丸印の目標に対して、F‐4が爆弾投下と20ミリ機関砲の射撃をする。もちろん本物は投下しないし、撃たない。柏瀬団司令の言う練成訓練の一つだ。F‐4の戦力の維持、向上は日々行なわれている。

パイロットの一人が、本日の訓練の概要説明を始めた。筆者は何か違和感を感じた。飛行訓練に参加しないパイロットたち数人がホワイトボードの前に立って、ブリーフィングを聞いているのだが、シャキッとは立っていない。ゆる—く、気楽な様子である。

筆者は週刊誌の取材で以前、何度もF‐15の飛行隊を訪れたことがある。その際にブリーフィングを見学させていただいたことがある。

その時のイーグルドライバーたちは、立っている者は両腕を後ろで組み、緊張感が溢れていた。

筆者は直感で理解した。単座と複座との違いだ。

白髪の唯野昌孝飛行隊長も、ゆるーく座っている。

カウンターの向こうには、マスクをつけた怖そうな男がいた。たとえは悪いが暴走族のリーダーのようなこの男がブリーフィングの後半に突然、マスクを下げて注意点を述べ始めた。

ミッション機４機、パイロット８人によるブリーフィング。この日の任務は対地射撃AGGの訓練。

「だからなー、ここ とこれな、注意しろよ！」

ライダーたちがいっせいに「ハイ！」と返事する。緊張感はなかった雰囲気が一気に引き締まる。これもF‐15飛行隊には見られなかった光景だ。

隊長は、短く簡潔に訓示。その口調は優しい。硬軟が絶妙に混じった空気だった。

その後、各個に打ち合わせする。それは騒々しいほどにぎやかだ。皆よくしゃべる。和気あいあいとしている。

これがこの作戦室の雰囲気だ。F‐15飛行隊に比べてスマートさはないが、気迫に溢れている。戦いにはつねに勝つ。しかし、ふだんはその殺気を放つ雰囲気はまったく感じない。これはこれで怖い集団だろう。

歴史的な場面に立ち会える喜び――唯野昌孝第３０１飛行隊長

唯野昌孝《ただのまさたか》1等空佐。第27代第３０１飛行隊長。防大時代の若い頃の写真を見た同期が、ちょっと日本人離れした容貌に「フランス人っぽいよな」とひと言。それから付いたあだ名が「ピエール」。これがそのままタックネームとなった。

唯野もまた、生粋のファントムライダーだ。

隊長執務室は執務机の上にパソコンが1台。無駄なモノがいっさいない室内は、唯野飛行隊長のすべてを物語るかのようだ。戦闘機パイロットとして空を飛ぶのに必要なもの以外はいらないということだ。

「この前は、挨拶もせずに失礼しました」

開口いちばん、唯野隊長は優しく声をかけてきた。

筆者は戦闘機マニアなら誰もが思う質問をぶつけてみた。すなわち飛行隊長は空戦最強のパイロットがなるのかという疑問だ。

「どうやって決まるか私も知りません。飛行隊長は、パイロットとしてその部隊のトップになりますから、指名された時は嬉しかったです。ちょうど２０１６年11月に新田原から百里に引っ越しする時に隊長を拝命し、歴史的にいちばんよい場面に立ち会えたと思っています。結果的に生まれ故郷に再び戻って来られたのは運命的だなと思いました」

飛行隊長とは、アイドルグループのセンターみたいな存在なのだろうか？

「隊長は全体を統括する管理者です。アイドルグループのセンターとは役割が違います。プロデュースするほうですね」

第３０１飛行隊の信条は「カエル」マークにちなみ無事に基地に帰ることである。そしてモットーは「見敵必戦」。敵を見たら必ず戦えという意味である。さらに初代隊長の時からの「創意開発」がある。意訳すれば「つねに敵に勝つ戦技を創意工夫して開発せよ。敵を見たら必ず戦え。そして勝ち、必ず基地に帰ってくる」となるだろうか。

第７航空団第301飛行隊隊長 唯野昌孝1等空佐。指導方針「不易流行」は第301飛行隊だけでなく、今の空自にも通じる。

唯野隊長が指導方針として掲げる言葉は「不易流行《ふえきりゅうこう》」。易者などの占いを信じず、風邪などの流行感冒にかかるなということなのか……。もともと筆者は四字熟語に弱い。

「違いますよ」

唯野隊長が優しく笑う。

「不易というのは、昔の伝統を引き継ぎ伝えていくということです。流行は、さらに新しいものを取り入れましょうということです。古いものと新しいものを融合して、さらに素晴らしいものにしていけるようにということですね。隊長として、これは隊員に要望しています。それは部隊改編で、第301飛行隊は新田原基地から百里基地に移り、新しい環境になりました。昔から続いている伝統も大事ですが、環境、隊員たちの構成も変わりました。皆が一致団結、新旧が融合して、新しい第301飛行隊を作れればと思って、いろいろと言葉を探している時に、ちょうどぴったりはまったのがこれでした」

新田原から百里に移動してきた第301飛行隊に与えられた使命を見事に表現している。

「ふだんから隊員たちとよく話をして、コミュニケーションを図って心情を把握します。そして私もパイロットとして皆と一緒に飛びます。だから大空で率先垂範《そっせんすいはん》しながら、皆の模範になるように頑張っています」

飛行隊は歴代の隊長のそれぞれの考え方や個性、その指導方針によって隊の雰囲気、姿が時代ごとに変わっていく。

「私は、前任者の真似をするのではなく、自分なりの飛行隊づくりを進めています」

今の第301飛行隊はにぎやかで和気あいあいとしている。

「そうですね、大所帯ですからね。F‐4は搭乗する二人は運命共同体でお互いに対話しながら戦っています。この関係は地上においても大事です。だから大空では機内の前後席はもちろん、編隊でもコミュニケーションが重要です。だからブリーフィングの最後は前後席で役割分担をしっかり確認して、ミッションに臨みますね」

筆者はブリーフィングで見た最大の謎を尋ねた。あのマスク姿で場の空気を一瞬で引き締めた怖そうなパイロットのことだ。

唯野隊長は、再び優しい笑みを浮かべた。

「畑口茂樹飛行班長です。ふだんは全然、怖くないですよ。フライト前だから締めるところは締める。飛行班長はパイロットの中で、リーダーとして皆を仕切ってもらう立場にあります」

腕も度胸もピカイチのパイロット――園田健二3佐

園田健二《そのだけんじ》3等空佐。航空学生53期、入隊21年目、飛行時間は3700時間。航空学生当時、担任の先生にあたる区隊長がファントムライダーで、F-4の話をたくさん聞いたことで自身もF-4を希望した。

教官や第11飛行隊「ブルーインパルス」の5番機のパイロットも経験した。曲技展示飛行でコークスクリューを見せる時に背面で飛ぶのが5番機。6番機がその周囲を横旋回しながら飛行する。

握り締めた拳がプロボクサーを思わせる。ヘルメットをかぶりやすそうな短髪のヘアスタイル。眉間の皺はつねに自分を追い込み、120パーセントの力を出そうとする証しだ。その眼差しは鋭く、

第7航空団第301飛行隊 園田健二３等空佐。ブルー５番機と戦闘機F-4、性格の違う機体を自在に操る腕と感性を持つ。

まさしく鷹の目だ。

しかし、園田のタックネームは「エデン」。楽園の代名詞だが、園田の姓をそのままもじったのだという。操縦の腕も度胸もピカイチのパイロット。園田3佐にとって、F-4はどんな存在なのだろうか？

「彼女と言いたいところですが、師匠です。いちばん空の世界を教えてくれたのはF-4なので」

どんな空の世界を学んだのか、聞いてみた。

「飛ぶことは怖いです。バードストライクというのですが、鳥とぶつかってしまったことが5、6回あります。今までいちばん大きい衝突は第11飛行隊にいた当時、低い高度を飛んでいた時です」

T-4練習機も空の世界を教えてくれる。

「白いモノが一瞬見え、次の瞬間ドォン！ドゴォン！と凄まじい破裂したような音がしました」

園田は何が起きたかわからず、エンジン計器に異常がないことを確認し、次にコクピットから目視できる範囲を確認した。エアインテーク（空気取り入れ口）の上部に何かがぶつかって、ペコッとへこんでいた。

「ウミネコだと思いますが、もう少しで操縦ケーブルまで切断するほどの激しい衝突でした」

園田は操縦系統に異常がないことをまず確認。そしてさまざまな安全確認をしたあと、松島基地に着陸した。

エンジンメーカーは、エンジンにバードストライクを再現した試験を行ない、安全性を確保する。しかし、エアインテークをはじめ機体側がその衝撃に耐えられるか、実験している話は聞いたことがない。

バードストライクに遭遇して無事に帰還すると、パイロットはその怖さを克服するために「この野郎、食ってやるぜ!」と叫びながら、焼き鳥を食うのだろうか。

「そういうことをするパイロットの話は聞いたことがあります。でも正直、あんまり食べたくないですよ。まさに焼き鳥の匂いをバードストライクの直後にコクピットで嗅いでいますから」

そんなトラブルなく無事にフライトが終わった日は、同僚たちと飲みに行くことがないのか聞いてみた。

「ここらあたりは飲みに行く場所がないですね。第305飛行隊の飲み会は、いろいろ武勇伝もあるようですが、第301飛行隊は、おとなしい時期と激しい時期の波がありますね」

おとなしい時は和気あいあいと飲み、激しい時は店の酒を全部飲み干す勢いなのだろう。ファントムライダーたちは、地上でも燃料の酒を満タンにすると、マッハを超えるというわけだ。

複座機なら仲間がいる——濱井佑一郎3佐

濱井佑一郎《はまいゆういちろう》3等空佐。航空学生52期で、現在40歳。パイロットの世界では超ベテランの域だ。

タックネームを聞いてみた。

「コナキです」

その由来は漫画「ゲゲゲの鬼太郎」に登場する妖怪「子泣き爺」だという。なぜそんな名前になったのか。

「面白い宴会芸のネタを考えていた時に子泣き爺の役を任されて、そうなりました」

ファントムライダーの世界では、宴会がとても重要な会議のような機能を果たしているらしい。しかし、タックネームはカタカナか、アルファベットで表記するのが似合うと思うが、「コナキ」は、ずいぶん野暮ったい名前だ。

「全員が格好いい名前ばかりじゃないですよ」

濱井3佐はそう答えた。一歩相手に譲る心を持った男だ。

「映画『トップガン』を観てパイロットを志しました。それでF‐15希望だったんですけど、配置はF‐4になりました」

タックネームが「マーベリック」だったら、よかったのに……。

「たぶんF‐15の部隊だったら、年齢的にも戦闘機はそろそろ降りようという話になっていたと思うんですよね。飛ぶのは、つねに怖いと思っています。実は高い所が苦手な高所恐怖症なんです」

唖然とした。なんと遊園地のジェットコースターも嫌いだという。ジェット戦闘機パイロットなのに……。

「ジェットコースターの上がって行く時が、もう堪らんです。自分で操縦できませんし……」

遊園地のジェットコースターが発進したあとは下を見ないという。F‐4に乗っている時は、どうしているのだろうか？

「下を見ると怖いです。2〜3万フィート（6千〜9千メートル）で、コクピットから下を見ると、もうダメだ、怖いって」

空戦訓練の時は、深いバンク角度をとると、横を見れば地上が見えてしまう。

「大丈夫です。敵機しか見てないから、あははは」

凄いファントムライダーだ。なぜ乗り続

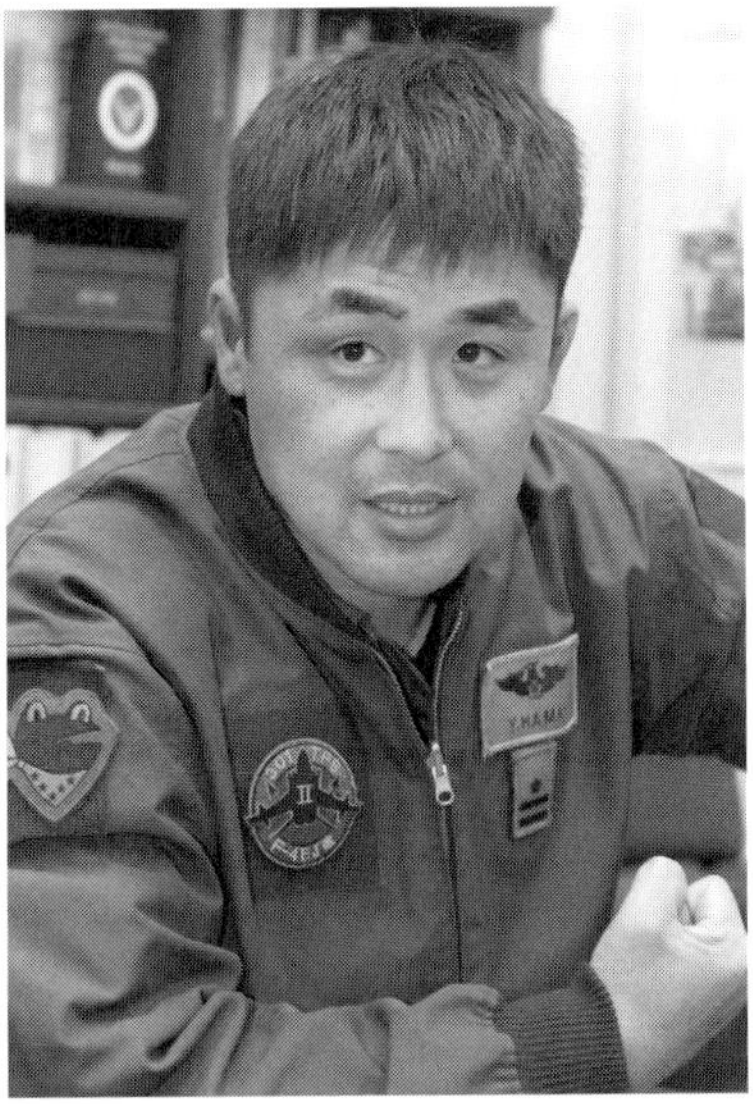

第7航空団第301飛行隊 浜井佑一郎3等空佐。「F-4の強みは2つの頭、4つの目」敵を見失わない自信がここにある。

けられるのか、筆者は不思議に思った。

「F‐4の二人で飛んでいるところが好きですね。いろんな思いを共有できます。たとえば訓練で敵を撃墜した時は前後席で喜びます。逆に任務に失敗した時は、クソッと思います。そういう思いを一緒にできるのはすごくよいことだと思います」

孤独ではないこと、大空で独りぼっちでないことが飛び続けられる理由だという。単座機ならば高所恐怖症は一人で耐えるが、複座機なら仲間がいる。

そして前席は後席の命を預かるプレッシャーがある。濱井は高所恐怖症を克服して飛び続ける。濱井にとって後席は仲間、ならばF‐4は……。

「男の相棒ですかね。飛行機を動かす時に『もうこれ以上引っ張ったら俺、失速するよ』とか『これ以上Gをかけたら、もう制限事項を逸脱してしまうよ』なんて、操縦桿と機体の動きで私に教えてくれるんです。『もう、止めてくれー』みたいな感じです。こういう感じはF‐2にはあんまりないんですよね」

濱井とってF‐4は確かに男の相棒だ。

第301飛行隊の雰囲気について聞いてみた。

「風通しのいい部隊です。でも空中では『見敵必戦』。そしてつねに戦闘機パイロットは負けるわけにいかない。高所恐怖症ですけど、そのファイタースピリットは飛行機に乗ってから鍛えられましたね」

負けないという自信はどこからくるのですか？

「複座機の強みです。頭が二つ、目は四つ。うまく機能すれば想像以上の働きができます。基本的にF‐4はレーダー操作とロックオンは後席がしっかりやってくれるので、前席は操縦に集中できます。相手の飛行機の性能を意識してやることはないですね」

コナキは「子泣き爺」ではなく、敵を泣かせる爺なのだ。

「ほかの部隊は知りませんが、F‐4部隊にはしゃべる人が多いですよ。複座機ですからF‐15の部隊より2倍の人がいますからね。10年くらい前は飲み会でも大騒ぎしましたが、最近は私も年取ってきたこともあって、すぐに眠くなってしまいます」

濱井3佐はそう言って笑顔を浮かべた。明るい飛行隊だ。

ファントムひと筋――平川通3佐

平川通《ひらかわとおる》3等空佐。38歳。航空学生54期で、飛行時間3300時間。彼もF‐4ひと筋のパイロットだ。

第301飛行隊の談話室でインタビューをした。平川3佐が入ってきた瞬間、香港アクション映画の至宝、ジャッキー・チェンと、その姿がだぶった。タックネームを聞いた。

第７航空団第301飛行隊 平川通３等空佐。気持ちだけでは男の夢を叶えられないことはインタビューからも感じた。

「ジャッキーです」

筆者は、つくづく目の前の「ジャッキー」を見た。似ている！　聞けば、最初の飲み会で同僚パイロットたちから「似てる！」と声が上がり、そのまま「ジャッキー」になったという。

「もともとファイターパイロットになりたいという気持ちは正直なかったんですよ」

平川は子供の頃、野球選手になる夢を描いていた。高校生の時、自宅を訪ねてきたのは募集担当の陸上自衛官だった。「自衛隊の採用試験を受けませんか？」との誘いだった。

平川少年は、とっさに「いや、俺、パイロットになりたいんだけど」と答えた。

担当者は真面目に航空学生のパンフレットを差し出した。

「受けるのは無料だったので、受けたら、受かっちゃったんです」

平川の人生は、アクション映画のように展開が速い。

「航空学生時の教官がほとんど戦闘機出身の方で、それでいちばん花形の戦闘機に乗りたいと思いました。初めに飛行機に乗り始めた時、担当教官がファントムライダーだったんです」

平川の人生はそれで決まった。

「F‐4を初めて見た時、格好いいと思いましたね」

快活な笑顔はジャッキー・チェンそのものだった。

F‐4の操縦は技量が出ます――永岡皇太1尉

永岡皇太《ながおかこうた》1等空尉。30歳。航空学生62期。最初はただ飛行機に乗ってみたいという程度の動機だった。航空学生に採用されて初めて戦闘機を見て「ファイター、格好いいなー」と思い、戦闘機パイロットを志望した。F‐15戦闘機パイロットとして経験を積み、複座機のF‐4に移り、第301飛行隊に配属された。

頭部の両側を短く刈り上げ、目は少年のように輝いている。タックネームは「アッシュ」。

筆者が以前、制作に関わったシューティングゲームの主人公の名前がアッシュだった。キャラクターの設定は「灰になるまで誇りを失わない男」。その話を披露すると、永岡は嬉しそうに身を乗り出してきた。

「そうですか。運命感じますねー。そのキャラクターの話、嬉しいなー。実は私もそういう気持ちでやっています」

第７航空団第301飛行隊 長岡皇太１等空尉。まだ30歳。この先、彼のキャリアはF-35Aかそれとも未知の戦闘機か。

筆者はさらにゲーム開発当時の話を続けた。アッシュという名前は、キリスト教で死者を埋葬する時に「灰から灰に」と言葉をかける。それは生まれ変わりを意味していて、灰になるというのは不死身、すなわち絶対に死なないくらい強い主人公という意味だ。

「実は霧島山の新燃岳が噴火した時に、新田原のＦ‐４部隊に着任したのですが、火山灰が降った時に来たからアッシュなんです」

だいぶゲームのアッシュとキャラクター設定が違う。

「いや、これから私のタックネームの由来はそっちにします。ははははは」

屈託のない笑顔で応えるが、頭の回転は空戦のように早い。

「フライトは毎回、怖いです。Ｆ‐15は学生の未熟な技量でも結構コントロールできるんですが、Ｆ‐４は乗りたての頃、まったく言うこと聞いてくれないんですよ。先輩たちの機動と自分のそれは全然違いましたからね。Ｆ‐４は技量の優劣が出ます」

だから、Ｆ‐４で飛ぶのは面白い。

「私にとって、Ｆ‐４は恋人ですかね」

首都圏防空を担う第３０２飛行隊

２００６年、筆者は雑誌の取材で作家・夢枕獏先生と沖縄を訪れ、その帰路、那覇空港のラウンジで羽田行きの飛行機を待っていた。取材は過酷で、同行したカメラマンは体調不良となり前日に入院してしまい、二人で帰ることになった。落ち込んでいた筆者を一瞬で勇気づける出来事が突然、起こった。

凄まじい爆音が轟くと、４機編隊の航空自衛隊のＦ‐４が滑走路を横いっぱいに使って、いっせいに同時離陸したのだ。

文献で読んだ知識では、それは敵の攻撃が差し迫っている時に、飛行隊を全機発進させるために使うテクニックだ。

記憶は一瞬で無数に読んだベトナム戦争の戦記に飛んだ。ダナン基地で多数のＦ‐４ファントムが翼を並べ、それぞれ複座の二つのキャノピーが開いている。その光景が脳裡に浮かぶ。そして離陸するＦ‐４は北ベトナムの戦場に向かう。

しかし、ここは沖縄。離陸するのは第３０２飛行隊のＦ‐４ＥＪファントム。筆者は夢枕先生にそ

第302飛行隊に飾られたF-4EJの尾翼。機番1桁目“5”は領収年75年、2桁目“7”は機種登録順位のF-4、“8”は戦闘機、“373”は登録順ナンバーを意味する。

のF-4戦闘機のテクニックを熱く語り始めていた。東海大航空宇宙学科卒の航空機マニアが筆者のもう一つの顔だ。

第302飛行隊本部の前には、引退したF-4から取り外されたオジロワシのマークがついた垂直尾翼がドーンと置かれている。筆者も自宅の表札代わりに一つ欲しい尾翼である。

飛行隊本部の建物は二階建て。中央の廊下に歴代の飛行隊長の写真が並ぶ。確認したい人が二人いた。第15代杉山良行隊長。続いて第16代杉山政樹隊長。二人とも帽子を目深にかぶり、格好いい。そのまま、ずーっと見ていくと、第25代飛行隊長、渡邉正人2佐の写真に衝撃を受けた。眉間に皺を寄せ、いつでも敵機撃墜可能の殺気みなぎる風貌だ。

「まるで大空の『仁義なき戦い』の任侠映画スターではないですか！」

飛行隊の隊員の一人に筆者の独り言が聞こえてしまった。

「関西出身の先代の飛行隊長です」

そう言うと隊員は朗らかに笑った。その笑顔でこの飛行隊の雰囲気がわかる。

第３０２飛行隊長室は廊下の右側にある。執務机の上に「風林火山」の幟のミニチュアが飾られている。そう言えば隊舎の入り口に据えられた尾翼は、飛行隊創設40周年記念のモニュメントで、そこには「人は石垣　人は城　情けは味方　仇は敵」と『武田節』の一節が記されている。まさにここは戦国飛行隊だ。

ブリーフィングルームは廊下の奥の階段を上がった二階にあった。部屋に入ると、左側にL字型カウンターが設けてある。カウンターの内側には飛行に関するさまざまな情報が集められている。椅子が数十個並んだ場所が二つもある。大所帯の複座戦闘機部隊の作戦室だ。右側の奥にはＶＴＲが見られるスペースもある。

その横から外のベランダに出ると、エプロン（駐機場）にずらりと並んだＦ‐４ＥＪ改の列線が一望できるはずだが、残念ながらその日、第３０２飛行隊は、訓練でどこかに全機出払っていた。

飛行隊の伝統と気風を継承――仲村智成第302飛行隊長

第302飛行隊長室は、第301飛行隊長室に比べると、日当たり良好で広い。部屋の左側に応接セットとテレビが置かれている。

そこに足を踏み入れた瞬間、私は思わず姿勢を正し直立不動になった。長く沖縄のギラギラした太陽と多くの風雨にさらされた木札が置いてあった。

『第三〇二飛行隊』と記されたその木札こそ、第15代杉山良行飛行隊長、第16代杉山政樹飛行隊長らが苦楽をともにした飛行隊の歴史そのものである。

2006年に那覇空港で4機同時離陸を見た時、隊本部にこの木札は掲げられていたのだ。視線はそのままで頭を下げる侍の所作礼法でお辞儀した。筆者は感無量の思いで、まるで神社に参拝したような爽快な気分になった。

隊長室に話を戻す。壁に数枚の記念写真、飛行隊の隊旗、その横に沖縄の守り神シーサーの置物が二つ、執務机の後方には数機のF‐4の模型が飾られている。

第26代飛行隊長、仲村智成《なかむらともなり》2等空佐は沖縄県出身。F‐4の飛行隊長としては最後の隊長となる。体は真四角を重ねた頑丈な造り、その上に丸くて人懐こい顔が乗っている。一見堅そうな雰囲気だが、話し始めるとすぐに打ち解ける。

1991年、松島基地での戦闘機操縦課程を修了して、第302飛行隊に赴任。今や同隊生え抜きのパイロットだ。

「第302飛行隊での勤務は飛行班長で終わりだと思っていましたが、F－4の最後を預かる飛行隊長を拝命して、非常に光栄なことだと思いました。打診があった時『ぜひやらせてください』と即答しました」

「自分の部隊なんで、身びいきかもしれませんが、積極的でポジティブで明るいのが、わが隊の気風です」

タックネームを聞いた。

「シーサーです。第302飛行隊に着任したばかりの頃、先輩に付けてもらいました。何代か前の隊長も使っていた栄えあるタックネームをいただきました」

シーサーは沖縄の家の門柱や玄関などに置かれる陶製の獅子像。口を大きく開けて邪気を払い、人と家を守る。仲村隊長もそんなシーサーにあやかろうということだろう。

筆者は、いちばんの疑問を聞いてみた。机上の幟だ。

「あれは発足当時の飛行隊の旗印。それが風林火山だったんですよ。当時の隊長が人を大事にしようという思いからです」

「昔の戦競などでは、機体に風林火山の文字を描いて飛んでいました。伝統です」

飛行隊の総大将の隊長に、戦いの2番機、あるいは2番小隊を任せられる腕利きの部下はいるかと

第7航空団第302飛行隊隊長 仲村智成２等空佐。日本の航空史に刻まれる“302ファントム飛行隊”最後の隊長。

聞いてみた。

「実戦という話で言えば、基本的に誰でも相応の技量を持っている者ばかりなので、誰でも連れて行けます」

すべて凄腕のパイロットばかりだ。出撃時「風林火山！」とか叫んで、アフターバーナーに点火するのだろうか……。

「そんな決め言葉はないんです。整備員たちには飛行機に乗る時に必ず顔を見て『調子どう？』『元気か？』『ありがとう』と声をかけることはよくあります」

「Ｆ‐４が離陸前にタキシングしている時に、脚が折れた事故がありました。いちばん丈夫な部分と思っていたのが、折れたのでショックでした。人が無事だったのがよかった。スピードが出てなくて、地上で発生したことで小さい事故ですみました。あれが離着陸時ならば、間違いなく大惨事になっていました。緊急事態は時と場所、人を選ばないんですが、あの事故は時と場所を選んでくれたと思います」

Ｆ‐４ファントムの機体には何かが宿っている？

「やっぱり古いですし、多くの人が乗り、関わってきました。そのいろんな人の思い、整備員の思い、そういうのはやっぱり宿っていると思いますね。私もF-4に乗っていて、どこか調子が悪いと、それが早めにわかったり、着陸後に不具合が出てきたり、そういうことは少なからず経験しています」

F-4は、やはりファイターパイロットたちのよき相棒なのである。

「私が尊敬する先輩は『おばあさんだからしっかり扱えよ』と言っておられました。なので女性かなと思いながらも、機体のスタイルからすると、男性的だなと思ったりもします」

左45度からの姿が格好いい――小野裕次郎1尉

小野《おの》裕《ゆう》次《じ》郎《ろう》1等空尉は航空学生59期、33歳。鹿児島県出身で、小さい頃から上空を飛ぶF-4に憧れ、パイロットを目指して空自に入った。最初の夢を実現した今、次の新しい飛行機に乗るのが次の目標だ。

「いちばん最初にF-4の前席に乗った時は、自分がそこに座っていることに感動しました」

夢がかなった瞬間だ。

タックネームを尋ねた。

「鹿児島県出身なので『サツマ』です。でもこれは4年前からで、その前は『アックス（斧）』でした。小野だからです」

だいたい、タックネームは宴席で決まることが多いらしい。筆者はもう少し工夫したものを考えつかないものかと思ってしまう。しかし、宴席では酒が回って、頭が回らないのがつねである。

「ところが、アックスは機上で酸素マスクを付けたままでは、すごく発音しにくいんです」

第7航空団第302飛行隊 小野裕次郎1等空尉。取材期間中に小野1尉のF-4ラスト飛行があった。いま彼は次の空に進む。

右手を口に当てて試してみる。確かに言いづらい。

「それに聞きとりにくいんです。でも下っ端だったんで嫌だとも言えず……」

サツマはならば確かに聞きとりやすい。

「でしょ！」

小野は嬉しそうに笑った。

「F-4の前席に乗った時、もう一つ嬉しいことがありました。実は、私は乗り物酔いがすごくひどくて……」

筆者は唖然として会話が止まってしまった。第301飛行隊には、高所恐怖症のパイロットがいた。今度は乗り物酔いだ。小中学校の遠足でバスに乗ると、必ず吐く奴がいたことを思い出す。話はそれるが昔、筆者がラジオ番組「オールナイトニッポン」のパーソナリティーをやっていた時、『よい子のゲッちゃん』というコーナーを作ったほど、ゲロネタはある。

「私、バスとか、ほんと無理。乗り物に弱いのは事実です」

今、そのゲッちゃんがマッハ2で7G旋回するF‐4戦闘機に乗っている。人生は驚きの連続である。

「後席から前席に移った時、これで少しは酔わないですむかな、という感じです。後席のほうが酔いますね。前席は自分で操縦するから酔いません」

車酔いでも同じようなことを聞いたことがある。F‐4の先輩パイロットで、第7航空団司令部広報担当の秋葉3佐（タックネームはペリー）も会話に加わる。

「皆、なんとか克服して乗っています。いちばん手っ取り早い方法は吐いた物を口に戻して飲み込む。二度と酔わなくなるそうです」

吐き気が込み上げてきた。尾籠《びろう》な話を自分からするのは好きだが、聞くのは苦手だ。すると、同席していた空撮の経験が豊富な柿谷カメラマンが自身の体験を披露した。

「私も結構、飲み込みましたよ。フライト前の飲み物は、オレンジジュースはきついので、リンゴ

小野１尉が好きな前方左45度。なるほど猟犬を思わせるロングノーズ、重厚感のある胴体、上反角の主翼と下反角のある尾翼がいちばん強調されるアングルだ。

ジュースを飲みましたね」

胃液で割ったリンゴジュース。そんなの飲みたくない。

「いやー、知らなかったです。もっと早く聞いていればよかった」

小野は快活に笑った。筆者は吐き気をこらえながら一緒に笑った。

その話は終わりにして、F‐４のどこがいいか聞いてみた。

「まず外観。機首の左45度から見た姿が格好いいですね。コクピットからだとたぶんF‐４しかないんですけど、ヨーストリンガーですね。ノーズから空気の流れがわかるように、タコ糸が張ってあるんですよ。それを見て、飛行機が左右に滑らず、真っ直ぐ飛んでいるのを確認するんです」

F‐４の偉大さが身にしみる。そのアナログさは

機首の上面から垂れ下がる“紐”がヨーストリンガー。直線は基準線。紐と線がずれることで飛行中の機体の滑りを目視できる原始的な計器だ。

もはやアート（芸術）だ。機首の上部にタコ糸が結ばれていて、それで姿勢を確認するなんて！

そんなF‐4は小野1尉にとって、どんな存在なのだろうか？

「F‐4は厳しい女の先生です」

第302飛行隊はどんな雰囲気なのだろう。第301飛行隊との違いは？

「楽しいです。うちの隊より301はちょっと空気が重いような気がします。1・1Gかな」

そのひと言で表現できるのだ。

「F‐4の飛行隊は熱い」――田畑勇輔1尉

第302飛行隊の談話室に、野生児そのままの丸太ん棒のような男が入ってきた。髪は短く丸坊主にして、人懐こい表情を浮かべている。ラバウルの零戦飛行隊にいてもおかしくない風貌だ。しかし、彼はT‐4からF‐2B、そして実戦部隊のF‐4飛行隊とキャリアを積み重ねてきたファイターパイロットである。

田畑勇輔《たばたゆうすけ》1等空尉、34歳。劇画『ファントム無頼』を読んでF‐4の二人乗りの戦闘機に魅せられた。航空学生時代、最初に乗るプロペラの初等練習機の教官にはベテランのファントムライダーが多くいる。そこでさらに話を聞いてF‐4に惹かれた。戦闘機操縦課程でF‐2Bにも乗り、それを修了すると、F‐4を希望した。

以来、F‐4ひと筋。「F‐4の飛行隊は熱い」と言い切る昭和男児である。

タックネームを聞いてみる。

「58と書いて、ゴーヤと読みます」

沖縄の名物ゴーヤだ。目の前にいる田畑1尉がゴーヤに見えてきた。見事なネーミングである。

「第302飛行隊は数字が好きなんですよ。10と書いてテン、46はシロ。第301飛行隊には87でヤシチさんがいます。それで、うちが航学58期で、うちが行った時に68でロッパさんがいたんです。それで宴会で『68の子分で58だな、お前は58期で沖縄には58号線からあるからな』。最初はゴッパーだったんですけど、沖縄に来たんで『ゴーヤにしてやるよ』で、こうなりました」

自分のことを「うち」と言う、神戸生まれの筆者は同じ関西人だとすぐわかった。

「あっ、京都ですわ」

Ｆ－４に乗っている人たちのノリって、関西してへん？

「ウチもそう思いましたわ。Ｆ－15は東京、Ｆ－２は中間あたりになっちゃうかも」

関西人ならば、宴会芸はお手のものだ。

「航空学生の頃から、５人くらいでやる戦隊ものがおはこでした。なんとかレンジャーとか、万能に使えますよ。那覇の時は宴会芸をやるより、もっと酒飲めとなるので出番は少なくなりました」

飛行隊の雰囲気を聞いてみた。

「にぎやかです。うちもそうなんですけど、とにかく声がでかい人が何人かいて、下にいても二階にいるのがわかりますわ」

第３０２飛行隊は快活で明るい。沖縄の空気をそのまま百里に持ち込んでいる。

第７航空団第302飛行隊 田畑勇輔１等空尉。飛行教育課程でF-2Bを経験したがF-4を選んだ。次に目指す戦闘機はF-35かF-2か。

5　ファントム発進！

第302飛行隊のブリーフィング

パイロットたちは朝、飛行隊本部に来ると、まず談話室でコーヒーを飲む者が多い。それから二階に上がってブリーフィングルームに向かう。

カウンター越しに、さまざまな情報が記されたホワイトボードを確認。次は使用される機体番号、本日の訓練、任務などが書かれたレポートを読む。そして気象情報、次が整備状況、飛行隊の現況と確認していく。

そして朝礼が始まる。訓練幹部、飛行班長、最後に隊長の話があってそれは終わる。そして休む間もなく、第302飛行隊のファーストフライトのブリーフィングが開始される。

「朝は時間的に余裕はないですね」（田畑1尉）
ブリーフィングルームがにぎわっている頃、取材班は広報担当の秋葉3佐に連れられて救命装具室にいた。秋葉3佐のヘルメットもここに預けてある。
ここで百里基地の取材でお世話になった秋葉3佐を紹介しておこう。F-4EJを装備していた第305飛行隊がF-15に機種更新する時に、第301飛行隊に異動。それから偵察航空隊第501飛行隊に移り、RF-4偵察機に乗った。東日本大震災では、AWACS早期空中警戒機を操縦して、救難機や輸送機への情報提供、さらに領空侵犯対処のために被災地上空を飛び続けたベテランパイロットである。

第７航空団司令部監理部渉外室長 秋葉樹伸３等空佐。戦闘機パイロットの世界を国民に知らせることが今のミッション。

秋葉3佐は救命装具室から自分のヘルメットを持ってきた。早速、ヘルメットを試着させてもらった。光栄なことである。写真を撮ったりしていると、小野1尉（サツマ）と会った。

「マスクを付けて『アックス』と言ってみて下さい」

言われたとおりしてみた。

「あっ、聞こえにくい」

小野1尉が笑いながら言った。

「でしょ？」

一度しか会ってないのに、10年来の友人のように接してくれる。第302飛行隊の雰囲気を一瞬で理解した。小野1尉に続いて続々とブリーフィングを終えたパイロットが救命装具室に入ってきた。本日のフライトの開始だ。

救命装具室で各自装具を身に付ける

ブリーフィングが終わると、パイロットたちは救命装具室に向かう。そこには搭乗する際に身に付ける装具がタックネーム別に置いてある。野球選手のロッカールームのような場所だ。

「ここで話が弾むと、まー、その日一日気分よく過ごせるのです」

岡田飛行群司令は楽しそうにそこでの思い出を語る。

救命装具室では、パイロットたちが明るく談笑しながら装具を身に付ける。

「正月明けはGスーツを着用するのが、少し大変ですね」

第301飛行隊長の唯野1佐が笑顔で言う。

園田3佐は、ブリーフィングで天候を気にする。

「何もない快晴ならばいいですけど、雲一つない快晴はそんなにありません。雲はもちろん、風があったり鳥がいたり、いろんな条件があって、それがフライトにどう影響あるかまず考えます。用具室では飛ぶ前だから、考えるのはミッションの内容ですね。Gスーツを装着する時になかなかチャックが締まらないと、太ったなぁと思います」

いちばん祈るのは、焼き鳥になりたい鳥が飛んでいないことだと筆者は思う。

ブリーフィングを終え、耐Gスーツとサバイバルベストを着装する第301飛行隊 水野真和3佐。タックネームは“MARS”。

お互いに腕を信頼するバディが、もう一人の相棒F-4へと向かう。

パイロットたちの飛行前点検

航空ヘルメットを入れたヘルメットバッグを片手に、顎紐できっちりと固定した帽子をかぶって外に出る。ここから先は、ボールペン、紙一枚、小さな物一つも落とせない。それらがエンジンに吸い込まれれば、重大なトラブルにつながる。ここからは風が吹いて「あっ、飛んじゃったー」は許されない。

列線に並ぶF‐4に向かうあいだは、野球ならばピッチャーがマウンドに向かう、バッターならバッターボックスに向かうような感じなのだろうか……。

「ミッションとフライトについて、あれこれ考えていますね。それからうちは天気を見ます。雲があれば、その影響について頭の中で考えますね」（田畑1尉）

「人それぞれだと思いますが、私の場合は『無』ですね」（岡田群司令）

岡田飛行群司令は第一線パイロットだった頃、列線に行くと、機体を素手で触れながら飛行前点検をしていた。

「手袋をしたまま点検すると、油が付いた時に古い油か新しい油かわからない。だから素手でさわっていました」

油漏れが古いのか新しいのか、それで命運が分かれる場合もある。岡田の手に油が付いた。その手を鼻先に持っていき匂いを嗅ぐ。列線整備員が駆け寄る。

「これ、大丈夫？」

岡田は尋ねる。整備員は洩れている箇所を精査する。

「手袋だと油が染み込んでしまい、油漏れの場所がはっきりしなくなります」

第301飛行隊長になってから、岡田は若いパイロットに、

「しっかりF-4に挨拶したか？」

と言うことがよくあった。緊要な場面や時に、F-4はそんな挨拶に答えてくれるようなことが何回もあったからだ。

「トラブルになっても、あそこじゃなくて、ここでよかったーという事象だったので助かったというのは結構あります」

飛行前の機体点検で、パイロットは素手か、手袋をはめるかで分かれるという。どちらにしても機体への敬意の念は一緒だ。「今日もよろしく！」

F‐4には魂がある。魂と通じていれば助けてもらえる。

「まー、それが素手で撫でているからかどうかはわかりませんが」

F‐4にはそんな不思議なところがいくつもある。

このように飛行前点検には、パイロットそれぞれの流儀がある。素手か手袋かでスタイルが分かれる。

「私は冬でも夏でも、基本的には手袋着用派ですね。F‐4に直接、声をかけることはないですが、若い頃は、今日もよろしくなみたいな感じで声に出さずにそんな気持ちで乗っていました。私にとってF‐4は男のバディ。二人乗って飛行機と一緒に戦いに行くってことですね」（唯野飛行隊長）

園田3佐は違う。

「私は語りかけることはしませんが、手袋を付けて各部をさわってチェックします」

濱井3佐は手袋なしだ。

「機体チェックは素手でやります。いつもじゃないですが、難しいミッションや訓練に行く時はF-4に『よろしくな』と声をかけます」

「外部点検は手袋を付けてやります。口には出しませんが、F-4には『よろしく』と言います」

（田畑1尉）

「私は手袋を付けてやります。搭乗直前、整備員の前で必ず敬礼しますが、その時、心の中で飛行機に対しても『よろしくお願いします』と言っています」（小野1尉）

パイロットはそれぞれ思いを込めてF-4を点検する。

後席パイロットの大事な役目

前席パイロットが飛行前点検を終えると、自分の機の前に出て柔軟体操を行なう。編隊のほかのパイロットも機の前に出てくる。

園田3佐は搭乗前の最後に、列線整備員が外観の点検をしている間、ストレッチをして首を動かして準備運動をする。

「後ろを見る動作をして、だんだんと気持ちを高めていきます」
敵機に後ろにつかれることは被撃墜を意味する。それを戦闘機パイロットは「デッド6（死の6時方向）」と呼んで恐れる。つねに後方に気を配るのが戦闘機搭乗員であると、『大空のサムライ』の坂井三郎氏は生前、何度も筆者に語った。
編隊長は、4機ならば8人が揃うとアイコンタクトして一度頷き、離陸準備に取りかかる。機体にラダーがかけられ、パイロットがコクピットに上がる。前席が先だ。前席パイロットは、後席パイロットに「締まって行こうぜ」とか、声をかけるのだろうか？
「私はとくに話さないことが多いかな。あとは整備員に敬礼して、挨拶しますね」（岡田群司令）
続いて後席パイロットが上がる。ヘルメットバッグをシートに置くと、そのままヒラリと身を翻して、F‐4の背骨の部分、胴体のトップを歩いて胴体後部に向かう。垂直尾翼から飛び出したパイプの中を覗き込む。実は、これがF‐4を操縦するうえで重要なセンサーなのだ。
「飛行中に操縦桿を操作する重さが、速度に応じてパイロットの感覚と一致するように空気圧を計測しています。その空気を取り入れるのがこの尾翼の筒『Qフィールピトー』です。しかし、ここに虫などの異物が入ると、操縦桿を操作する重さが速度に応じた重さと一致しなくなり、パイロットを惑わせます」（秋葉3佐）
昔のプロペラ式飛行機の操縦桿は金属製ワイヤーで方向舵とつながっていた。航空機の速度が高くなるほど空気抵抗が大きくなるので操縦桿の操作は重くなり、マッハ2で飛ぶジェット戦闘機の操縦桿は人の力では動かせない。そこで操縦桿操作は油圧に変わったが、パイロットは速度に応じた舵の重さを感じることができなくなった。そこで人工的に操舵感覚をパイロットに与えるために、速度計とは独立した系統で機体の周りを流れる空気の速度を計測するのが、垂直尾翼前縁の中ほどに装着されている「Qフィールピトー」である。これで戦闘機パイロットは速度に応じた操縦桿の操作が可能になるのだ。

後席パイロットはQフィールピトーをチェックするとシートに座る。そしてバッグからヘルメットを取り出してかぶる。そして酸素ホースとインターホンケーブルを接続し、次に酸素マスクで口元を覆い、コクピット内インターホンの接続を確認する。

エンジン点火

起動車担当の列線整備員はマイクを介してコクピットのパイロットと通話する。

前席パイロットは右手の指を2本立てて先端をクルクルと回す。「エンジンにエアを送れ」の合図だ。

列線整備員は起動車から圧縮空気を右エンジンに送り込む。その空気はF‐4のエンジンタービンを回転させ始める。パイロットは右手を回す動作をやめ、拳を握り、人差し指を立てる。

整備員が右手で合図を送り、KM-3コンプレサーで圧縮空気をジェットエンジンに送り込む。「キュイーン」徐々に金属音が轟音に変わる。

「10パーセントで、イグニッション。エンジン点火です」（岡田群司令）

J79 - IHI - 17Aエンジンのタービンが回り、「キィーン」とジェット音を響かせ始める。

前席パイロットが指を2本立てる。エンジン回転数が20パーセントに上がり、エンジン音が高まる。指を3本、エンジン回転数30パーセント。さらに高く金属音が響く。

指を4本、前席パイロットがインカムで伝える。

「40パーセント」

そして前席パイロットは右手で首を切る仕草をする。すると列線整備員は起動車からの給気を停止する。

「ここからF - 4のエンジンは自ら吸気でき

ます」（岡田群司令）

右エンジンが唸り、さらに回転数が上がる。

右ノズルから出る高圧排気ガスは、冷え切った冬の大気を温めて陽炎が立ち上る。続いて吸気ホースは左エンジンに接続されてエンジン点火、40パーセント、そして首切りのサインで2基のエンジンは蘇る。同時に電気を機体の各システムに送る。

後席パイロットが読み上げるチェックリストを前席パイロットが、一つずつクリアしてタキシング開始に備える。

「不吉な予感がした時はアウトです。コクピットの各種メーターで制限値を超える、異音がするなどはノーマルではありません。パイロットがこれらに気づいてない場合、整備員が気づいたらエンジンカットを前席パイロットに告げます」

その場合、2基のジェットエンジンは停止される。

問題がなければ、エンジンはオンのまま前後のキャノピーが閉じられる。

「キャノピーチェックです」（岡田群司令）

キャノピーの開閉に異常がないか確かめる。再び開けられたキャノピーで前席パイロットは親指を立てた両拳を開き、主脚の車止めを外すように列線整備員に指示する。そして管制塔（グランド）とコンタクトし、地上滑走の許可を得る。

前席パイロットはブレーキをゆるめて、スロットルレバーを少し前に押し、エンジンパワーを上げる。エンジンの金属音が高くなり、F－4が動き出す。

そして列線を離れ、タキシングを開始する。誘導路に入るためカーブすると、微妙にエンジン音が変化する。このサウンドに惚れ込むファントムライダーもいる。

管制塔との交信――西恵美3曹

F－4は誘導路を通り、風向きによって滑走路の両端のどちらかに移動する。

「滑走路のエンドまで行くあいだに、さらに気分を高めていきますね」（園田3佐）

この時、F－4は管制塔（タワー）と無線でコンタクトを取り離陸の許可を得る。そこには老兵ファントムを見守る若い女性の活躍があった。

21世紀の今、空自は男だけの集団ではない。「空女《そらじょ》」と呼ばれる女性航空自衛官たちがさまざまな部署で働いている。

管制塔にいる百里管制隊管制班の西恵美《にしめぐみ》3等空曹もその一人だ。

指定された取材場所で待っていると西3曹が姿を現した。

ロングヘアをきっちりと後ろで束ねて両耳を出している。これはヘッドフォンから伝わるパイロットとの交信音声を聞き逃さないための配慮だ。

高校卒業後、大学受験を準備していたが、子供の頃、飛行機に乗った時、キャビンアテンダントに親切にしてもらったのがきっかけで、航空関係の仕事を希望し、航空自衛官の採用試験を受けて合格した。

管制官は資格がないとなれないが、教育隊で西は、その適性を区隊長に見いだされて航空管制官の職種を薦められた。そして厳しい関門をくぐり抜けて、8人だけ合格した女性の一人に選ばれた。

管制官の適性とは、英語での交信や判断能力を総合的に判定される。

『マグナム01』というコールサインでその能力を披露していただいた。

「マグナムゼロワン、ウインド、ゼロワンゼロ、アット、フォー、ランウェイ、ゼロスリーライト、クリアード、フォー、テイクオフ……」格好いい！

「無線の占有時間を短くしなければならないので、わかる範囲で早く言います、1分間で何語送信するというのは決まっています」

航空保安管制群百里管制隊 西恵美3等空曹。男たちを戦いの空へと送り出し、そして基地へと引っ張る役割。

ラストチャンスチェック

滑走路の北端には古いバス、南端にはトレーラーハウスがあり、そこで待機している列線整備員が最後の安全確認をする。

滑走路端のアーミングエリア（最終確認区画）に止まったＦ‐４に整備員が取りつく。各部の油漏れなど異常がないことを確認する。続いて、機首の前に立った整備員が主翼、尾翼、水平尾翼の各補助翼の作動を目視確認する。

「不具合を見つける最後のチャンスです。ラストチャンスです。それでＯＫとなれば、レッツゴーでキャノピーを閉じます」（岡田群司令）

「キャノピーを閉めることは、これから離陸するということなので、気が引き締まります」（濱井３佐）

Ｆ‐４は管制塔（タワー）に滑走路進入の許可を得て滑走路の端に並ぶ。そして１機ずつミリタリー出力をチェックする。それで異常がなければアイドルに戻す。Ｆ‐４パイロットは管制塔に離陸許可を求める。

西管制官はＦ‐４飛行隊にどんな印象を持っているのだろうか？

「ほかの飛行隊に比べて、若手がだいぶ少なくベテランの方が多いですね。この基地のファントムはおじさまみたいな印象がありますね」（西３曹）

「しまっていこうぜ！」「おう！」という会話があるのかどうかわからないが、お互いの意気込みは外から見ていても感じ取れる。

そのオジサマたちに西管制官が離陸の許可を出す。

管制塔の許可が出れば、ブレーキオンで両エンジンを85%にセットにする。ブレーキを解除して、スロットルをさらに進め、フルアフターバーナー。凄まじい最大音量の爆音が轟く。27トンの空飛ぶ恐竜、ファントムが滑走路に滑り出す。

「離陸滑走中に考えるのは、もし不測の事態が起きたらどうするかです。つねに緊急事態を考えています」（濱井3佐）

2基のエンジンノズルから赤い炎が噴出する。それを中心に白い空気の円が渦巻く。

「純粋によしいくぞ！という気持ちになります。でもいつだったか『アムロ、行きまーす』と叫んでいた者がいましたけど、あれを聞いた

キャノピーを開けたままタキシングする姿はファントム独特だ。パイロットたちはコクピットに入り込む風に何を思うのだろうか。

時は力が抜けました」（園田3佐）

70ノット（時速約130キロ）に達するまでに、パイロットは操縦桿を目いっぱい引く。しかし、ノーズはまだ上がらない。徐々にノーズが上がり始め、ここでパイロットは後ろに引いた操縦桿をその角度と合わせる。

「練習機などはすべて操縦桿を引く操作で離陸するんですけど、F－4は引いたところから押す操作で離陸していくので、最初はびっくりしました」（濱井3佐）

パイロットがF－4と同調する瞬間がこの時から始まる。ファントムと一体になったパイロットは大空の戦闘マシーンとなる。

迫力の対地攻撃訓練！

第301飛行隊の4機のF‐4が唯野飛行隊長の指揮の下、滑走路から次々と離陸した。

筆者は、滑走路の北端近くの消防小隊の建物前で待った。ここからは見えないが、滑走路の脇のどこかに目標となる丸印が設置されている。そこにF‐4が20ミリ機関砲と爆弾による模擬射爆撃訓練

“ラストチャンス”で最後の点検を終え、機体を滑走路に送り出す第302飛行隊整備小隊大河原1曹。「よし！行ってこい」

百里基地西側から進入し滑走路上空で右旋回、機首を下に向けて20㎜機関砲で目標を狙う。

をする。もちろん実弾ではなく、「撃ったと想定」し、VTRで評価するするドライパスだ。

F－4が基地東側から進入を開始する。翼を翻して右90度旋回。真上を凄まじい轟音を残して飛び去る。そのあとを3機が続く。

「最初は、目標上空を航過し地上の目標を確認します」

秋葉3佐の説明を聞きながらしばらくすると、また1番機が飛来した。右旋回すると目標上空に接近。今度は両翼を左右にバンクさせながら飛行する。翼を傾けないと機上から地上は見えない。

3回目の進入。右90度旋回。その次の瞬間、爆音が変化した。ゴォーという爆音に「キュルキュル」という悲鳴のような音が混じる。F－4は急降下を開始する。空気を切り裂く音が轟く。次の瞬間、パイロットはスロットルレバーをアイドルまで絞る。

降下速度が重力加速度以上に増加することがないよう防ぐ。次の瞬間、地上の標的に向けて爆弾投下。実射ならば５００ポンド爆弾が地上で炸裂する。

続いて20ミリ機関砲が射撃される。Ｆ‐４にはフル搭載で20ミリ弾は６３５発。毎分６千発の発射速度だから約６秒連射可能。６００発の20ミリ弾が発射されれば、地上にある目標は粉砕される。その昔、外国で発生したシージャック事件では戦闘機が出動したことがある。人質がいないことを確認して、船橋を20ミリ機関砲で銃撃。１回の射撃で、テロリストは20ミリ弾で木端微塵にされて事件は解決した。

急降下したＦ‐４は地上攻撃を終えると、操縦桿を引き起こす。機体が上昇に転じるや否やスロットルレバーを前に押し出してパワーを全開させる。高度が上がると、翼を右に翻して機体は右90度に横向きになる。そして攻撃地点から離脱する。

まさに柏瀬団司令が言ったとおりの戦力を使い切る訓練をしている。

「４機の地上攻撃の間隔が一定だと、練度の高い飛行隊なんです」（秋葉３佐）

確かに第３０１飛行隊の４機は時計でカウントしたように、一定間隔で急降下し、攻撃、急上昇、右旋回して消えていく。

第３０１飛行隊の地上での雰囲気は一変し、空中では猛々しく荒々しく、攻撃は正確無比である。

コクピット搭乗初体験

F‐4パイロットの前後席で交わされる複座機式会話術を多少なりとも理解するには、まずは実際にコクピットに乗るしかない。

パイロットと整備員が上り下りするラダーは使用するには資格がいる。

格納庫の中にはそれとは別の黄色い階段が用意されていた。これならば一般人でもF‐4のコクピットに乗ることができる。

コクピット内の撮影は禁止。F‐4コクピットへの階段を第301飛行隊のパイロット、木村壮秀《きむらまさひで》3佐の案内で上がる。

機体の左側からコクピットに入る。コクピットの端に手をかけ、右足をシートに乗せる。狭いユニットバスタブに入る気分だ。

続いて左足をシートに置く。次にコクピットの床に両足を下ろし、シートに座る。狭い！

前方に視線を移すと、そこには例のものがあった。機首のレーダーレドームの上に白い筋が1本。ヨーストリンガーのタコ糸だ。パイロットはこれを見て、機体が左右に流れていないか判断する。飛行中、前席パイロットが頼りにする指標だ。

秋葉3佐によると、電源が入ると座席が今の位置よりも下へ沈むという。針で表示するアナログ計器だらけの空間に収まり、F‐15、F‐2とACM（空中戦闘）訓練を行なうのだ。

「そりゃー無理ですぜ」。筆者は心の中で叫んだ。シートの位置は低くなっていないが、それでもF‐15やF‐2に比べて、はるかに視界は悪い。前方視界はF‐2の四分の一、F‐15の半分くらいだろうか。

F‐15のコクピットに座ったことがある。二階のベランダから突き出した透明のバルーンに入れられたような感じだった。広い視界があり、後方視界も確保されていた。

それに比べて、F‐4の前方は計器類、横はエンジンのエアインテークに遮られ、後方視界はシートのヘッドレストで遮られている。これでよく空戦ができるものだ。

F‐2のコクピットにも『蘇る翼F‐2B』の取材時に座らせていただいた。F‐2は体を伸ばして、旅客機のビジネスクラスでフルリクライニングしたような姿勢で乗れる。前方は液晶画面4台の豪華なゲームセンターのようで、その上にHUDが付いている。視界は前方よし、左右は頭をちょっと左右に動かせば見える。後方は少し頭を回せば見える。

それに比べてF‐4は、透明な天井に覆われた狭い屋根裏部屋にいる感じで、アナログ時計のコレクションルームのようだ。

キャノピーの前方視界をさらに遮るように、2枚のガラスが斜めに取り付けられている。HUDだ。それ以外はF‐2で見慣れたグラスコクピットではない。液晶画面がどこにもないのである。

左の丸い画面はレーダー。右の丸い画面は方位器。両方とも液晶ではない。残りはアナログ計器が並ぶ。

「グラスコクピットの表示は見にくいんですよ。このアナログの針式メーターのほうが私は見やすいです」

案内の木村3佐が言う。実際、針式メーターのほうが見やすい。これは不思議だ。

後方視界を確かめる。左右の両側にはエンジンのエアインテーク（空気取り入れ口）が張り出して、その斜め後方に大きな主翼が小さく見える。真後ろを見るには、ヘッドレストと風防の間から見るということだが、首の骨が折れてしまいそうだ。杉山空幕長がおっしゃっていた「後ろを見なくてよい戦闘機」の言葉の意味を実感した。

後方視界が本当に悪い。右の方位器の丸い画面の下に赤いランプが並んでいる。LとR。エンジン火災が起こると、ここが赤く点灯するのだ。

スロットルレバーに手を添えてみる。ボタンがいっぱい付いている。指先でボタンを操作するから、スロットルレバーは手のひらで押して、出力を増大させてアフターバーナーまで調整しなければならない。引く時は指で引く。そんなレバー操作が必要だ。

次にベイルアウト（緊急脱出）する際の脱出装置の位置を確かめる。黒と黄色のしま模様の環が二つあり、これを引くと射出装置が作動する。これを引くのは勇気がいるだろう。キャノピーが吹き飛び、ロケットが点火され座席ごと機外に放り出されて落ちていく。

F-4EJ改の後席に座ってみた筆者。前席の視界もよくはないが、後席はさらに悪い。後方を確認するにはミラーを使うがそれも限定的だ。

やはりファントムライダーたちは、すごいと実感する。

床の真ん中から突き出ている操縦桿を握る。操縦桿にもたくさんのボタンとスイッチが付いている。音速前後の速度で飛んでいて、これを直接見ないで操作しなくてはならない。難しい！

両足をラダーペダルに乗せてみた。これを踏んで垂直尾翼のラダー（方向舵）を油圧で作動させる。

「自分と機体の一体感は特別です。それに比べてF-2はフライバイデジタルですから、F-4からF-2に乗るとそれに慣れるまで少し時間がかかります」（木村3佐）

フライバイデジタルとは、操縦桿とラダーの動きがデジタル信号化されて方向舵に伝えられるシステムのことである。最新のデジタルシステムであるが、なぜかアナログに親しみを感じる。なぜだろう。パイロットと戦闘機が油圧という力関係でつながっているからだと思う。デジタルの場合、パイロットの筋力は電気信号に変換されるため一体感が乏しい。航空機設計者にとってこれは課題であると思った。

前が見えない後席コクピット！

次は後席に移動する。スクランブル発進では、パイロットはラダーを駆け上り、その後、スプリッターガイドベーン（インテークの前についている板）の上に片足を乗せてから後席に飛び込む。そのスプリッターガイドベーンの上はレンガ一個ほどの横幅しかない狭さだ。さらにそのスプリッターガイドベーンと機体には隙間がある。前部胴体側面で発生した乱流をその隙間から逃がすためだが、筆者のつま先が入りそうになる。

キャノピーの枠の部分を左手でつかみ、左足を踏み出して、エアインテークの上に置く。誤れば地面まで2メートルは転落する。正直怖い。前述したように後席パイロットは、さらに機体の背中部分を歩いて尾翼をチェックする。まるで鳶職のような動きが求められるのだ。

シートに着席すると、一瞬自分の目を疑った。前が見えないのだ。正面はまるでアナログ時計の陳列棚。半円形の空間に長方形の板を眼前に置き、残った空間から前が見える。真ん前が見えずに残りの左右が見える、中途半端な視界だ。
左右には後方確認用ミラーがある。後方の敵機を見張る。しかし、その見える範囲はとても小さい。
後席は基本、操縦桿とスロットルレバーには触れない。右側の小さなジョイスティックでレーダーを調整する。左手はキャノピーの真上あたりにあるＵＨＦ／ＶＨＦの切り替えスイッチを操作する。
「無線の切り替え装置です」（木村３佐）
親指で無線を切り替えて、前席または僚機、地上と交信する。その下には昔の野球盤ゲームのような表示板がある。
「それは武装状況を示しています。ミサイル、爆弾がどの位置にどのような状態になっているか表示されます」（木村３佐）
両端の隙間から前を見る。
「この隙間から地上が見えたら、それは危険な状態です」（木村３佐）
つまり墜落寸前ということだ。

6　複座戦闘機乗りの心得

漫才コンビに近い？複座機式会話術

F‐4の狭いコクピットを体験した筆者は、前後席で交わされる会話がどんなものかパイロットに質問してみた。

永岡皇太1尉は、単座のF‐15からF‐4に移ったパイロットの一人だ。最初は戸惑ったという。

「苦労しましたねー。複座戦闘機には乗ったことがなかったので経験を積むしかない。相手によっても変わるし、どのように言葉を伝えればいいのか……」

複座機式会話術のマニュアルがあれば便利だ。

「ないですよ。もしあっても、とてつもなく分厚いマニュアルになりますよ。大事な時は後席がひと言で伝えないといけないし。そのタイミングはもちろん、長々としゃべっても逆に前席に迷惑になるし、自分の意志がしっかり伝わらないといけない」

「最初は話しかけると『うるさい！』と、何回も怒られました。会話しやすい雰囲気にしようと『景色、きれいですねー』などと言っているあいだに大事な情報が入ると、前席が情報を聞けない。すると『うるせー！』となるんですよ。さっきまで仲良く話していたのにというのが、よくありましたね」

配慮を欠くと一瞬で空中の二人の人間関係が崩れる。複座戦闘機の難しいところだ。後席パイロットはまず最初に前席に話しかけてよい時、悪い時を学ぶ。永岡1尉によれば話しかけてよいのは次のタイミングだという。

- 集中する場面ではない。
- RTB（帰投中）で、ほかの情報が入ってない。
- ほかの飛行機が周囲にいない。
- 前席がしゃべりかけていいような口調の時。

そして上達すると、雰囲気的に話しかけてもよいのがわかるという。

完璧に漫才の「間」に通じる。話の「入り」と「出」のタイミングをマスターしないとならない。

F-4の「強み」は複座にあることだというが、それを引き出すには前席後席の息の合った絶妙な掛け合い。このスキルは今後の自衛官人生にも役立つはずだ。

筆者がラジオ番組『オールナイトニッポン』に出演していた時、このタイミングを悩みに悩んだ。解決法は場数を踏んで学ぶしかなかった。

「すこし慣れてきて、前席が話にのってくれると『今日はいい会話ができたなー』と思いました」

コンビ漫才のようにボケとツッコミに役割は分担される。

「基本、私はボケですね。ふつうにやっていても、ボケてるところに先輩がうまくツッコミを入れてくれる。後席の知恵ですね」

たとえば、こんな展開になる。

前席「なにやってんだよー、それ」
後席「あー、すいません、先輩」
前席「アッシュ、お前さー、ちゃんとな」
後席「あっ、すいません。こんご気をつけます！」

ボケに徹すれば、相手のツッコミを待てばいい。一つの会話形式が成立する。そして次の段階に進む。

後席から前席に異常事態を知らせる場合どうするか、永岡1尉に聞いてみた。

その1右側エンジンから火が出ている。これをどう前席に伝えるか？

「うーん、経験ないから、どうですかねぇー。あんまり焦らず『ちょっと火がついてますから出ますか？』と落ち着いて伝えると思いますね。前席にバンと強く言うと、あわてて変なことをするかもしれない。だから、できるかぎり明るい口調ですね」

その2翼に日の丸より大きい破孔を発見したら。

「『あのー左翼にでっかい穴が開いてます』あるいは『ちょっとやばくないっすか？左の翼……』と言いますかね」

とにかく、前席をあわてさせないように事態を伝える。これが肝要なのだ。

後輩が入ってこない最後の飛行隊

このようにしてF-4パイロットは後席で経験を積んでから前席に移動する。

「飛行機を操縦できるっていうのが、すごく嬉しかったですね」

永岡1尉もようやく前席に搭乗できるようになった。これで重要情報を聞いている時に後席が余計なことをしゃべると「うるせー！」と言える立場になったのだ。しかし、思いどおりにはならなかった。

「それがですね、いま第301飛行隊には後輩がいなくて、同乗するのは全員先輩ばかりなんですよ。だから前席に乗っても後ろは先輩で、会話に気を使わないといけないんです」

前席に座れば複座戦闘機は自分のモノとなるが、今のF－4飛行隊ではそれができない。

「自分で主導できないんです。だから『うるせー！』なんて言えないので『すみません、ちょっと静かにしていただけませんか？』とお願いすることもあります」

空中でも先輩後輩の関係は変わらない、しかし、永岡1尉も進化する。

「今は先輩の話を脳内でシャットダウンして、ボイス（無線交信）だけ聞けるようになりました。何も言わずに話が終わったあとに『そーですよねぇー』と相づちを打ちます。だいたいうまくいきますね」

複座機会話術をマスターした永岡1尉には、一つ大きな悩みがある。

「先輩の立場で後輩の相談に乗ったり、指導してみたいですね」

でも第301飛行隊に後輩はいない。

「どうなるかわかりませんが、F－15に戻るか、F－35に行ければね……」

永岡1尉は夢見るような瞳で遠くを見つめる。その先に夢の編隊が飛んでいる。F－35Aの4機編隊。その編隊長は永岡1尉だ。残り3機は後輩。

「今は先輩ばかりなんで、後輩引き連れてやってみたいですねぇー」

大空では、こんな感じの無線が飛び交う。

アッシュ「いくぞぉぉぉぉ」

後輩「アッシュさん、あのぉ」

アッシュ「うるせぇー、黙ってろ!」

地獄のツッコミ先輩になっているかもしれない。

「豹変するかもしれないっすねー、でも、それ夢ですね」

大空の夢である。

後席から前席パイロットへ

F-4戦闘機は、前席の教官あるいは先輩が師匠となり、後席の弟子を徹底的に鍛える。ジャッキーこと、平川通3佐が複座機の特性を教えてくれる。

「F-4の後席は今まで経験のない、やったことがないことをやるわけです。今まで教育課程では自分で操縦して、離陸、宙返りして、着陸する訓練をずっとやってきました。ところがF-4の後席は操縦をしません。レーダーを操作したり、言葉を使って前席を誘導します」

後席には、その役割を果たすための極意ともいえるスキルが求められるという。

極意その1「使うのは言葉」

「まず前席と会話をしっかりやらないといけない。前席を動かすには言葉だけです。それを学ぶには場数を踏んで、体で覚えるしかないです」

極意その2「2個の頭は同じ」

「前席と後席は同じ頭じゃないとできない。同じ環境下で同じ状況データ、次にどうやるか同じ選択をする。後席はレーダーで敵を探し、前席は目視で敵を見つける。後席がちゃんと敵機を捕捉して、その状況を前席に伝えたら、前席はずっと操縦と外の見張りに専念できます」

複座戦闘機に大事な連携だ。

「これが単座のF-15だと、レーダーで敵を見つけて、角度何度で距離がどれくらいか情報を確認して外を見ます。中と外を繰り返し見て敵機を確認する。これがF-4なら前席はずっと外を見ている。後席はレーダーを見て、敵機、何度、何マイルにいますよと伝える。そういう連携ができないと複座の意味がないです」

極意その3「地上に降りてから怒られる」

コクピットの中では互いに命を預けて飛んでいる。

「毎回同じことをやるわけではないですけど、たぶんいちばんやってはいけないこと、それは同じ失敗を繰り返すことで、その時は怒られます」

戦闘機パイロットの世界では、失敗は死に直結する。

「お前、これだけはやるって決めただろ？　なぜできないんだ、という感じで地上に戻ってから説教が始まります」

後席はこうして鍛えられていく。

ようやく平川3佐も念願の前席に進むことができた。

「早く前席に座りたいと思っていました。でも前席に移ると今度は後席に教官が乗ります。それで後席から怒られます」

F－4パイロットの訓練段階は、後席TR（トレーニングレディ：訓練態勢）を振り出しに、後席OR（オペレーションレディ：行動可能態勢）で後席パイロットとして領空侵犯に対する措置の任務に就けるようになる。後席である程度経験を積むと前席TR訓練が始まり、修了をもって前席ORに指定される。さらに訓練を積んで前席CR（コンバットレディ：行動可能態勢）に指定されると僚機操縦者として、あらゆる任務に対応できるようになる。そこまでの道のりは遠い。

「前席TRでは後席の同期が数人一緒になるんです。当然、優秀な者から前席の次のステップに進む。だから切磋琢磨しましたね」

やがて平川3佐も「先輩」として後席を教える立場になる。

「空自には誰も戦争の本番をやった人はいません」

逆に言えば、練度の高い自衛隊が存在したからこそ有事がなかったとも言える。F‐4も一度も実戦を経験することなく退役するだろう。一度も抜かれない名刀は伝家の宝刀となる。

「ある状況を設定して、後輩が計画した作戦が失敗したとします。この作戦が正しかったか間違っていたか。先輩に教えられたとおりやっても撃墜されて負けちゃうかもしれない。そこで『お前がこれをやった理由はなんだ？』と聞きます。どんな作戦にも長所と短所があります。『そこを考えないとダメだよ』という教え方です」

自分で考えさせる教育だ。平川3佐は空中でも怒ることはあるのか。

「怒る時は怒ります。敵が見えていないのに勝手に高度を変えてしまったりして危険な行為をした時です。その時は無線で『帰れ！』と言います」

平川3佐は見た目は優しいが、厳しいファントムライダーである。

先輩パイロットの異次元の機動

高所恐怖症のファントムライダーでも、前席になれば後席を指導する立場になる。

「後席を育てるコツは、考えていることを声に出させることです。そんな環境を作ることが前席の役割です。ある時、私が飛行機のある制限、速度とかGなどがあるんですけど、その一つを逸脱したんです。無茶なことをやって制限を超えた瞬間、後席が『あれぇー』と大声を出したんです。それを

聞いてやっぱりやっちまったんだなーと思いましたね」（濱井3佐）

「そして二人乗りなんで、前席の技を盗めと言われますね。これはよいやり方だとか、上空でメモする時間はないので頭の中に入れます」（濱井3佐）

厳しい師匠を自任する園田3佐に、複座機ならではの利点について尋ねてみた。

「複座では前後席を先輩と後輩で組む機会が多い。だから先輩の後ろに後輩が乗った時は、先輩の技量を直接学べます。後輩を後ろに乗せた先輩は、言葉と行動で機動を教えます。技量を学びやすい環境です」

そして次々と前席から後席に複座戦闘機パイロットに必要なことを教えていく。

「速度や高度などの数字的な部分もあれば、翼を傾ける（バンク）時の速さ、かかるGの強さなどは、体感的に得るものが大部分を占めます。同じ空間を共有しながら教え学べるところが利点です」

機動、それこそ戦闘機の命だ。ブルーインパルスのパイロットは1番機から6番機まで新たなパイロットが着任すると、T‐4の後席に乗せてアクロバット飛行を教える。F‐4ファントムライダーは、この点で有利と思われるが……。

「F‐15とF‐2出身のパイロットに比べると、F‐4パイロットはどこを見て技を盗むかに関して複座の経験が役に立ちます。師匠の見取り稽古ですね。航空祭での展示飛行は後ろに乗っているので、前席のやっていることを後ろで体感できます」

航空自衛隊戦闘機の主力F-２A（写真上）とF-15J（下）。操縦、レーダーモニター、通信、火器管制すべて１人でこなすためにコンピュータが労力を低減させている。

しかし、ブルーインパルスの5番機を務めた園田3佐でもできない機動があった。

「憧れている先輩がいて、その人の真似をしようとするんですけど、いまだにできない。ターンとロールが組み合わさって、Gの方向が微妙に変化する。理想の動きがあって、そのイメージはあるんですけど、なかなかそこまで持っていけない。あれほどF‐4を動かせる人はいなかったんじゃないかと思います。後席に乗ってて気持ちいいけど、機動が終わると、なんでここにいるんだ?ってなります」

異次元の機動だ。

「後席は視界もある程度かぎられるし、乗り心地は決してよくない。でもその人の操縦は違いましたね」

レジェンドはF‐4にもいた。

サツマ式複座機会話術

第302飛行隊の小野裕次郎1尉にも複座機会話術のコツを聞いた。

「後席でいちばん難しかったのは『間』です。早く次のステップに進んで操縦したいという思いは当然ありますが、覚えることがいっぱいあります」

後席にいるあいだに前席の資格をとる訓練が開始される。たとえば編隊長の指揮下に入って、何をすべきか、そこで求められるのは何か。学ぶことは山ほどある。

航空学生で操縦を学び、飛行隊に配属されるが、そこでは前後席との会話に必要な「間」を学ぶ課程は入っていない。

「自分で経験して『間』を会得します。前席は編隊長、管制、指揮所と交信しています。先を読む力は後席の時に学びます。そのためには、まず典型的なパターンはどのように進んでいくか、定石がわかってないといけません。そして自分が置かれている状況が、そのパターンからずれていることに気づく能力が必要です」

「次に学ぶのは、前席への『聞き方』です。ただ教えてくれと言っても教えてくれません。聞き方があります。空戦で相手をこう発見しました。次にこのように機動するといいのですか?という感じで話すと、『それより、こっちのほうがいいよ』と前席は説明しやすくなります。この聞き方は基本的にパイロットの世界でよく使います」

まさに空戦と同じで、相手の旋回半径の内側に入り込むテクニックだ。前席になると、次は後席の後輩を指導しなければならない。ここで大切なものは何か？

「そこも『間』です。後席の時と違って、前席は教える言葉なのか、命令する言葉なのか、それを後席に聞き分けさせなければなりません。それに必要なのは『間』です」

小野1尉の複座会話術は「間」に始まり、「間」で終わる。

単独飛行は苦手

パイロットは飛行隊に配属される前の飛行教育課程において複座練習機で操縦訓練を受ける。それならF - 4も同じで、コミュニケーションをとるのは問題ないはずだ。

関西人の田畑勇輔1尉にも複座機式会話術について聞いてみた。

「練習機は後席に教官が乗って前席の学生に操縦を教えます。訓練は単座のF - 15、F - 2に乗るように教育されるんです。だから、教官と世間話とか必要のない会話はしないのです。F - 4に来ると最初、後席に乗るんです。高度、速度、ヘディング（機首の方向）の情報を前席が欲しいタイミングで伝えないといけない。それがすごくむずかしかったです。『お前、今それ言えよ』とよく怒られ

ランウェイ21Lに着陸する390号機。後席の園田３佐（エデン）がこちらを見ている。「後席は先輩の技量を直接学べる」と園田３佐は話す。

ました。こっちは『えっ？』です」

F・4が離陸して大空へ、任務もあれば訓練もある。田畑1尉は高度、速度などを前席に伝える。そこまではいい。ところがそのあと、コクピットに沈黙が訪れる。

「会話に突然、隙間ができるんです。そういう時、後席は前席に何か話しかけないといけない」

新人は、なんでもかんでも頭に浮かんだことをしゃべる。沈黙という静寂が怖いのだ。しかし、すぐにその無駄な会話は前席から遮られる。

「『うるさい！しゃべりすぎだ！』と怒られるんです。この繰り返しで鍛えられましたね」

後席のORを取得する頃には、後席は前席

の何をサポートして、何を言い、何をしてはいけないかが、あらかたわかるようになる。田畑1尉は頭の中に前席に乗る相手に合わせた話題のネタ帳ができたのかもしれない。

「そんなものないです。もう適当にやります。まずしゃべる人、しゃべらない人に分かれますから、それに合わせます。次にこの人の性格はこんな感じと考えます。面白いのが好き、無口、それに合わせます」

そんな時、関西弁は役に立つのではないだろうか。

「関西弁で敬語を言っても、敬語に思われないじゃないですか。だから、前席の先輩に『敬語じゃねーだろ、それ』と、怒られて標準語になりました」

こうして田畑1尉も一人前のファントムライダーとなったが、密かな悩みがあるという。

「T‐4で修理のために名古屋空港に行くことがあるんですけど、その時の単独飛行は不安です。無音なんですよ。それに飛行時間が長いのがちょっと。酸素マスクの吸う音と吐く音が両方、聞こえるほどです。一人は苦手です。誰か一緒にいたほうがいい。だから自分の呼吸音に聞き飽きると、独り言が多くなります」

F‐4複座戦闘機乗りの癖である。地上に降りるとしゃべりまくる。

「でも先輩に話しかける時は、日頃から目配り気配りです」

田畑1尉は後席の心構えを今も忘れない。

7 最強の飛行隊を目指して

もう一回、302と勝負がしたい

年に一回開催される航空総隊戦技競技会（戦競）。文字どおり最強の飛行隊を決める競技会だ。F-4は1979年に初めてF-4部門が設けられて以来、激闘を繰り返した。

全盛期に6個飛行隊あったF-4飛行隊も、今では第301と第302の2個飛行隊となり、勝負を繰り返している。戦競には飛行隊の中から、調子のよいF-4が4機出場する。それに搭乗するパイロットは前後席、予備を含めて、5組10人が参加する。さらに整備小隊も選抜分隊が出場。実戦と変わらない想定で空戦の腕を競い合う。

「スタートミッションと言った時から一気にガーンと、戦闘モードに入ります」

第301飛行隊の園田健二3佐は戦競に3回出場しているが、3連敗だった。

「あんまりよい思い出がなくて。302に三連敗ですからね。自分がやられたこともありますし、味方がやられて、戦えなくなったこともあります。勝負は時の運。私は3敗しましたが、3勝している奴もいるんで」

戦闘機パイロットとしては、勝って終わりにしたいのは性分だ。

「そうですね。もう一回やれるんだったら、やりたいと思います」

同じ飛行隊の永岡1尉も戦競に出場している。

「初めて私が編隊長として出させてもらって……周りはすべて先輩ばかりでしたが、もうそれは関係なく、自分が好きなようにできました。でも残念ながら結果がともないませんでした。できるならもう一回やりたいです！　もし勝てたら終わりよければすべてよしですよ」

チャンスはあるのか。その思いは第301飛行隊長の唯野1佐も同じだ。301は302に負け越している。もう一回勝負はないのか。

「現在は戦技競技会自体をやってないので、無理なんじゃないですか。内々では似たようなものはやっています。飛行隊からメンバーを出してチームで競います。勝ったり負けたりという感じですが、選ばれたからには頑張りたいというのは、パイロットのモチベーションになりますし、戦技能力は向上します」（唯野隊長）

第301飛行隊では飛行隊長が率先して飛ぶのだろうか。

「訓練の時は必ず隊長がトップというわけではなく、いろいろなポジションでやります。有事になったら当然、指揮官先頭ですね」（唯野隊長）

ラバウル航空隊の笹井中尉は、ここいちばんの時に坂井三郎先任を2番機または第2小隊につけた。これと同様のことを唯野飛行隊長はするのだろうか。

「基本的に301のメンバーは皆、素晴らしい能力を持っているので、誰でも最大のパフォーマンスを発揮してくれると信じています。だから特定の者を特別な役割につけることはありません」

435号機で戦競2連勝

第302飛行隊は杉山良行隊長の時代、2連勝し、杉山政樹隊長の時代は2連敗している。最近の結果を聞いてみた。

「2010年と2013年の戦競に出場して、どちらも勝ちました」（田畑1尉）

第302飛行隊は戦競の時、出場させる機体を徹底的に選ぶ。

ここで選ばれる基準はエンジンに推力がある、レーダーがよい、操縦するうえで癖がないことだ。

「機体によって癖がありますね。11年もF‐4に乗っていると、それぞれの癖がわかります。こいつ嫌がっているなとかわかるんです。オーバーシュート（敵の旋回面の外側に出てしまうこと）の時がとくにそうなんですけど、いやいや感を出すことがあります。『ちょっとごめんな』とF‐4に謝りますね。もう御老体だから、機体がやっぱり捩じれているんですよ」

田畑1尉は、2連勝した時の戦競の相棒が435号機。

「私も機体の能力を最大限発揮させるわけですが、機体も合わせてくれるんです。だから相棒なんです。向こうもそう思っているはずです」

戦競の出場が決まると事前訓練がある。そのとき田畑1尉は435番機に助けられたことがあった。

「事前訓練の時もすごく緊張しました。規定があって、ルールでやってはいけないミスが決められているんです。それをしたら即、失格。その事前訓練で435号機はそのやってはいけないミスを私にさせたんです。『あー435号機に教えられた』と思いましたね。先輩にはひどく怒られました。そこで反省するじゃないですか、それから本番に出場でした」

田畑1尉は435号機に乗って戦競に出場した。競技は中距離戦とACM（空中戦闘）だった。

「中距離戦の時は後席だったんです。その時はまだ中距離戦は経験が少なかったんですけど、勝ちました」

田畑1尉は嬉しそうに言った。

「でも435号機は、その後、ライバルの第301飛行隊に配備先が移ってしまいました。まだ元気に飛んでますけどね」

戦競5勝2敗。「勝ち逃げしたいですね」

F‐4飛行隊が2個になって以降、戦競の結果は第302飛行隊の4勝2敗だ。いま、仲村隊長の下で戦競がないのは残念だ。

「2017年に百里の飛行群で戦技競技会をやったんですよ。302が勝ちました」

5勝2敗だ。次に同じ戦競を開催できるかはなかなか厳しいらしい。

「勝ち逃げしたいですね」

第302飛行隊の強さは蘇ったのだ。

「ずっとここで訓練してきたので、やっぱりアドバンテージありますよ。301は移動してきたばかりですから」

もし第301と302飛行隊の戦競があるとしたら、F‐35対F‐4ということになる。つまり第5世代対第3世代の戦い。もしF‐4が勝てば大金星だ。

「301の唯野飛行隊長は防大43期、私は航学43期で年齢は違いますが、同期会ということで、よく飲んでいます」

二人の飛行隊長はよき飲み友だちだ。まさにファミリーである。将来、第302飛行隊のF‐35と第301飛行隊のF‐4の戦競が実現するかもしれない。

2018年2月、百里基地で取材中の筆者は飛行教導隊とのF‐4の空戦訓練で、離着陸を繰り返

鹿島灘上空でコンタクトしてきた飛行教導隊はレーダー誘導担当の西３曹に８機編隊でオーバーヘッドをリクエスト。思いがけない行動に西３曹も聞き返したという。

す第３０１飛行隊と第３０２飛行隊のＦ‐４を何度も目撃した。そして飛行教導隊のＦ‐15ＤＪの動きはつねに派手だった。教導隊の８機同時着陸を偶然、目撃した。その圧倒的な迫力に度肝を抜かれた。

それを管制官の西３曹もモニターで見ていた。

「私はその時、レーダー室にいたので直接見てないのですが、８機で飛ぶことはあまりないと思います。思わず確認しちゃいました。管制塔にいた者に聞いたんですが、８機がブレイク（急旋回）して着陸していく。多数機で編隊を組んで進入して着陸するのは実は大変なんです。それを事もなげにできるのが飛行教導隊です」

8　空の守りの最前線

初めて見たソ連機はＴｕ‐95

空自の任務の一つに日本の領空に接近する国籍不明機への対処任務がある。そのための緊急発進は「スクランブル」と呼ばれる。

管制塔のコントロールルームにビリビリビリビリと非常ベルと同じ警報音が鳴り響く。スクランブルが発令されたのだ。

「航空自衛官はこの音を聞くと緊張します。飛行場の規則で緊急時は明確な優先順位が示されています。だから、スクランブル任務のＦ‐４を最優先にすべてをコントロールします」（西3曹）

スクランブルのＦ‐４を見て、ボイスには乗せないが「頑張って」という思いを無線に乗せるのだ

再現スクランブル① 第301飛行隊の岩下1尉と永岡1尉が重要書類（劇画『ファントム無頼』？）に目を通しながら待機中。そこに国籍不明機接近！「スクランブル！」

ろうか。

「それはありますね。やはり『よろしくお願いします』と思います」（西3曹）

管制官も緊張するスクランブル——もちろんファントムライダーにとっても最も緊張する任務だ。

「スクランブルがかかったら緊張しますね。訓練ではなく実任務。一触即発の可能性もあります。でもF - 4だと二人乗っていますから、後席と話せば緊張はやわらぎます。複座はこういう時いいんです」（田畑1尉）

「後席に乗っての初めてのホットスクランブルでした。緊張しました。この時は那覇にいましたから、対象機は中国の飛行機でした」（唯野1佐）

岡田飛行群司令には沖縄の第302飛行隊時

再現スクランブル② 機体に向かって駆け出す２人。実際は任務機はミサイルをつけてアラートハンガーに格納されている。動きはこんな感じで一緒である。

代にスクランブルした際の思い出の光景があると言う。

「真夜中にスクランブルで上がった時、やっぱり星がきれいだなと。飛んでいる時はなかなか真上は見ませんが、見た瞬間、うわーきれいだなと思いました。空にこんなに星があったのかというくらいありました」

そこには南十字星も輝いている。しかし、岡田は寡黙だ。後席にその感動を伝えることはない。岡田が沖縄にいた頃、ベトナムのカムラン湾にはソ連軍が駐屯していた。ウラジオストクとカムラン湾のあいだには定期便が飛んでいた。それに空自はスクランブルで対応を強いられた。

「だいたい北部、中部、西部（航空方面隊）と、南混（南西航空混成団）と下りながら飛来

再現スクランブル③ 整備員がすでにシステムチェックを終えている。整備員との見事な連携で、乗り込んでから数分で離陸する。

するので、4時間前から北部（北海道）が上がっていますという情報がきます。それで沖縄のこちらはイライラしながら『早よ、来い』となるわけです」

岡田が初めて見たソ連機はTu‐95ベアだ。銀色の機体に赤い星が鮮やかに描かれていた。

「こんな色の機体があるんだと思いました。もちろん写真では見ていましたが、目の前で見ると存在感がありましたよね」

本物のソ連機を間近に見て、早く任務を終えて、基地に帰投したいという考えが浮かぶのであろうか……。

「そういうことは思いませんね。単純に目の前にある目標に対して、われわれは決められたとおり対処するだけです」

スクランブルは空の守りの最前線だ。天候の

再現スクランブル④ Tu-95を発見！ 機外の武器などを確認すると同時に無線警告と写真撮影を行ない警戒監視を続ける。(米空軍)

急変や機体に不具合が出た場合、任務を継続するには、どうすればいいのかを考えなければならない。その場合、岡田は次直の編隊を上がらせるのか、自らの編隊で対処し続けるのか決断しなければならない。そして守るべきは2機のF－4に乗るファントムライダー4人だ。

1999年、岡田は部外研修で1年間、産経新聞の政治部記者を体験した。その年の8月15日早朝、新田原基地から第301飛行隊のF－4がスクランブルで2機離陸した。そのうちの1機が雷雲の中で墜落、パイロット二人が殉職している。

最初は、雷に打たれての墜落と考えられていたが、高空でエンジンがフレームアウト（停止）したのが原因とされている。直後に遺体は発見されなかった。

しかし、10月29日、研修中の岡田記者は空幕広報室に何か情報がないかと電話を入れた。すると、とんでもない特ダネ情報が上がっていた。

「中国の漁船の漁網にMという名札の付いた遺体がかかって回収、安置されている」

その日、岡田記者は政治部記者の最後の日で、総理記者会見で代表質問できる立場にあった。相手は自衛隊最高司令官でもある小渕恵三首相である。

午後3時30分に空幕広報室に電話をかけ、先ほどの情報が公開されたことを確認した。岡田記者は総理記者会見で質問に立った。

「8月にスクランブル任務中、墜落したF‐4のパイロットらしいご遺体が中国漁船の漁網にかかり、いま中国の漁港に安置されているという情報があります」

それを聞いた小渕総理の対応は早かった。「ホントか？」と聞き返し、すぐに振り返って「調べろ！」と補佐官に命じた。そして小渕総理は岡田記者に答えた。

「中国の漁港でのご遺体安置はまだ未確認情報なので、それに関してはコメント差し控えます。しかし殉職された自衛官の方々には敬意と感謝を申し上げ、週末にある自衛隊の慰霊式典においても、しっかりと慰霊のお言葉をかけます」

見事な答えを引き出した。

岡田には任務に対して不変の姿勢がある。

「人を死なせない。そこを最大限追求する。行動任務に対しては忠実である。これですね」

岡田は、雷雲があちらこちらに湧いている中、スクランブルで上がったことがある。地上の要撃管制がスクランブル機をコントロールして対象機がいる方向に誘導する。しかし、そこには雷雲があった。

「若いパイロットだと、要撃管制官の指示する方向に雷雲があっても、その方向が指示されたら突っ込むでしょう。ベテランならば任務遂行を考えて雷雲を避けて飛行して、対象機に接近します。そのためには対応すべき事項を一つずつ確実にこなしていくことが必要です。それがプロの仕事ということです」

「防空の最前線に関われてよかった」

園田は新田原にいた頃、悪天候の深夜3時にスクランブルで上がったことがある。

「ダイレクトで前の情報がない、いきなりのスクランブルでした。周りは雷がビカビカと光り、頼むよ、当たらないでくれと思いながら上昇していきました。しかし、上がれど上がれど雲から出ない」

園田は雷さまに祈りながら上昇を続けた。バーン！バーン！と雷が炸裂する音がF‐4の周囲を包む。まるで対空射撃の中を強襲爆撃に赴くようだった。そして、ある瞬間、雷雲を抜けた。

「その時は満月の夜で月光が明るく照らしてくれて、ほっとしたのを覚えています」

燦々と輝く太陽光も悪くないが、雷雲のあとの月光はさらに気持ちをなごませる。

内翼後縁の上部にスポイラー、下面にエアブレーキ、補助翼とフラップを備えている。フラップの動作角はBLCを使った60度とBLCなしの中間30度が選べる。

園田は訓練とスクランブルでは、ＲＴＢ（基地帰投）の気分が違うと言う。

「スクランブルの時のＲＴＢはほっとします」

その無線のコールを受けるのは百里基地の管制官だ。スクランブルで発進したＦ－４が帰投するという連絡に対して西３曹は返信する。

「その時はお疲れさまでした、という思いですね。そして防空の最前線に関わることができて空自に入ってよかったと思う瞬間です。機影が見えたら、このまま最後まで無事に降ろそうと思います」

１９８０年代、Ｆ－４パイロットと管制官のやりとりは乱暴なものだったとベテランから聞いたことがある。

「今はありません。スマートな感じになっています」（西３曹）

9　ファントムOBライダーズ

実戦さながらの戦技競技会――杉山政樹元空将補

F‐4は1970年代から飛んでいる。若い女性整備員たちはふざけて「空飛ぶお爺ちゃん」と呼ぶこともあるそうだ。その「お爺ちゃん」を飛ばしたファントムライダーOBにも大いに語ってもらおう。

杉山政樹氏は2011年3月11日の東日本大震災当時、第4航空団飛行群司令兼松島基地司令を務めていた。地震により発生した大津波で第21飛行隊のF‐2B全機、18機が損傷した。その後、基地復興とF‐2B修復の道筋をつけて退官された。

被災直後の夜、基地司令室の窓から満月を見て「これは、自分の宿命なんだろうと考えていました。なぜ俺なんだろうとは考えず、俺が背負うべき事柄なんだと理解しました」「飛行隊長の時も、自分の部下は絶対に死なせないと思っていました。だから、信念として、『部下を殺さず任務を遂行するためにはどんなことでもしよう』というのがありました」（『蘇る翼F‐2B』）

杉山氏は第302飛行隊で飛行隊長を務めた。

――F‐4のいちばん好きなところはどこですか？

「なんだろう。独特の形、シルエットじゃないかなぁ。どこから見ても好きですよ」

――退役したら一機あげると言われたら、どうします？

「いらない。飛ばないもん」

――F‐4の機上から見た心に残る風景はありますか？

「東シナ海の上で真っ暗闇の中で星空を見るのもいいけど、もう一つ、沖縄にいた当時、那覇空港が工事のために使えなくて、米空軍嘉手納基地でアラート任務につく時期があったんです。通常は都会の上空は飛ばないんですけど、その時は那覇上空を朝六時頃、飛んだことがあった。東シナ海の水平線から太陽が昇ってくるんですが、地上では皆が起き始める頃です。それを見ながら飛んでいると、この国を俺は守っているのかなぁという気になって感慨深かったですね。日本はきれいなんですよ」

――退役するF‐4は名機ですか？

「そうとも言えるし、F‐4は癖が強いだけにいずれにしても一人ひとりの心の中に残る機体です。松島にいる時、町の祭りで女性から『第302飛行隊のファンです。オジロワシのファンです』と声をかけられました。まだファンがいるんですね。そういう意味でも印象に残る機体です、まさに味があるのがF－4ですよ。『ファントム無頼』という漫画もありましたね」

――大ファンでした。描いていた新谷かおる先生が、自分が書いた拳銃の本のファンで担当編集者からサインを頼まれたことがあります。

「ほう。あの主人公の二人の仲がいいのは、複座特有のお互いに気を使いながらやっているからですね。よく複座機の特徴を捉えていますよ」

杉山政樹 元空将補。隊長として第302飛行隊を率いたほか、東日本大震災当時の第4航空団司令兼松島基地司令を務めた。

――当時、百里基地に取材に来られたんでしょうか？

「来られたのでしょうね、きっと。どう見てもあの飛行群司令は自分たちの大先輩のような気がします」

――F－4に乗り始めて、『ファントム無頼』的な飛び方は可能ですか？

「いや、ほとんどできないんじゃないですか。低速領域でのラダーコントロールに癖があって、そう簡単に動かせるものじゃない。私も先輩たちのやっているフライトテクニックもなかなか真似できなくてね。後席に乗りながら、低速域でのコントロールを『見取り稽古』みたいに見ながら盗んで学ぶんですよ。Ｆ‐４の操縦には奥深いところがあります。どれだけ奥があるのか！　って感じです」

――いちばん厳しかった訓練は何でしたか？

「沖縄にいた頃にやった『最大出撃訓練』ですかね。連続で出撃を繰り返して、訓練空域で空戦訓練を続ける。４回目くらいから集中力がなくなってきましたね。イスラエル空軍が１日に10回も出撃していたのに。自分たちの集中力が、どこまで維持できるのかを知るための訓練でした。５回を過ぎると、さらに集中力がなくなって撃墜されてもしょうがないなという感じになりましたね」

――その集中力とは、どんなものですか？

「飛ぶことはできるけど、戦闘空域に入ってから、神経を研ぎすまして視界に入ったものを見落とさずに留意しておくのは集中力が必要でした。実戦での戦い方の難しさがよくわかりました」

――つねに戦技を磨く。その最高峰は航空総隊戦技競技会ですか？

「そうです。Ｆ‐４がまだ６個飛行隊あった１９８８年の戦競に２番機で出て、優勝したことがあります。あれは戦競が始まる数週間前に出場予定者が首を捻挫して出場できなくなって、代わりに私が出場して運よく優勝したんです」

移動訓練、最大出撃訓練、そして航空総隊戦技競技会。どれもファイター・パイロットに課せられた「男の修行」。(航空自衛隊)

——どんな競技ですか?

「よーいドンで始まって、標的機をミサイルで撃墜。最後に20ミリ機関砲を実弾射撃して、標的に命中させるまでの時間を競います」

競技はターゲット役の標的編隊2機(1機がノーマル兵装、もう1機がダートと呼ばれる三角形の標的を曳航)と、攻撃編隊2機に分かれて行なう。両編隊が60マイル(約111キロ)離れた地点から空戦が開始され、両編隊が交差する前に「フォックス1」とコールして互いにレーダーミサイルを模擬発射。その後、両編隊は直近で交差すると、標的編隊のノーマル兵装機はそのまま空域を離脱する。標的曳航機が2Gで旋回するところを、攻撃編隊の1機が「フォックス2」とコールしてヒート(赤外線)ミサイルを模擬発射。最終的に攻撃編隊の1機が標的曳航機が曳航するダートに20ミリ機関砲を実弾射撃して終了となる。戦闘開始から射撃終了までの時間を競うが、模擬発射した2発のミサイルの有効性はビデオと音声で判定し、20ミリ機関砲射撃はダートの弾痕を確認して判定する。

「これで優勝したんです。私が第302飛行隊長になった時は、戦競は2個飛行隊で勝敗を競うかたちになっていましたね」

――第301飛行隊との1対1の戦競はどんな勝負でしたか？

「隊長1年目の事前の仕上がりは万全でした。2000年頃はそれまでの射撃方式がACM（空戦機動）に変わりました」

このACMは小松基地を離陸して日本海上の「G（ゴルフ）空域」に入ったあと、2機のAGR（アグレッサー：敵機役を担う飛行教導隊所属機。使用機種は複座のF-15DJ）と、2機のわれわれ攻撃編隊がアブスレスト（横一列）編隊で交差し、その直後、旋回戦を開始。相手をキル（撃墜）したミサイルの有効弾数で競う。

――実戦さながらですね。

「そう。それで第302飛行隊の第2編隊のウイングマン（僚機）がランプイン（駐機場に入ること）してエンジンカットした時点で、最低保有燃料を100ポンド切ったので負けました」

――燃料使いすぎとはくやしい！

「次の年は中距離戦でした」

中距離戦はミサイルの射程範囲外から空戦開始。そして相手を挟み込んでキルする競技だ。参加機数は2機編隊二つの4機対4機。計8機が空戦空域を乱舞して、空戦を展開する。

——まさに編隊空戦の極意の限りを尽くす戦いですね。

「第302飛行隊は、鍛え抜かれた選りすぐりの8人のパイロットが乗る4機。2機編隊が2個です。敵は複座のF-15DJに乗る飛行教導隊が4機」

現役時代の杉山氏。当時、嘉手納での夜間アラートから夜明けに那覇に戻る際、朝日に照らされた市街地の景色に感銘したという。

——敵F-15にF-4は機動ではかなわないが、複座機空戦術で勝つ！

「はい。私の戦術技量は最高の頃でしたね。チームのメンバーも技量は最高でした。自分たちの動きと相手の動きのイメージが頭の中に完成していて、あとはそれをどう動かし再現していくかです。それで空戦が始まり、私の編隊が囮となりAGR

を引きつけて、第2編隊がそのAGRを狙う戦法に出ました」

——完璧です！

「しかし、慌てた第2編隊長機の後席が間違えて、私の編隊をロックオン。そして攻撃を仕かけてきた時に間違いに気づいた。しかし、その時すでに遅く、AGRに軽くキルされました」

——戦競2連敗、残念です。戦競では各飛行隊で工夫すると聞いていますが？

「はい。F-4自体の搭載機器を改修して、標的機が散布するチャフでレーダーロックオンが外れないようにしたり、いろいろやりましたね。迷彩塗装は直前に自分たちでやりました。空中では日の丸国籍マークはよく視認できるので、グレーのスプレーで消したりしました。隊長機はいろいろな戦競用の特別塗装をするので、マニアのあいだで話題になるんですよ」

戦競2連敗で学んだこと

ファントムライダーの世界は広いようで狭い。杉山政樹氏の先代の飛行隊長は、のちの第34代航空幕僚長の杉山良行氏だった。その時のタックネームは杉山良行氏の「テレビ」に対して、杉山政樹氏は一時的に「ラジオ」となっていた（本来のタックネームは「キッド」）。

——二人の杉山はややこしいですね。

「F-4が2個飛行隊になった頃には、2年連続で戦競で負けたりすると『ウチの隊長、下手なんだよー』と言われる。だから戦競は真剣勝負。僕は飛行隊を次の杉山（ラジオ）に渡さないといけないから、戦競では絶対に優勝する意気込みで、ものすごく練習したんです。戦競には中距離戦といって4対4の空戦の競技があります」（杉山良行氏）

――計16人のファントムライダーの決戦ですね。

「そのとおりです。目が全部で32個。前後席の役割がまったく違います。さらに後席どうしの役割分担もあります。目も多ければ頭も多いのがF‐4です。スキルが上がれば、F‐15よりも連携戦闘がうまくいくケースがあります。1998年の戦競の中距離戦で302は301と一騎討ちしました。この時は当然302が勝ちました。それで飛行教導隊の複座のF‐15のパイロットから『F‐4でここまで連携できるんですね』とほめられました。でも当時の302はそれほどスキルが高かったんです」（杉山良行氏）

戦競で2連勝した杉山「テレビ」は、第302飛行隊を杉山「ラジオ」に渡した。しかし、その後の戦競で2連敗した杉山「ラジオ」飛行隊長の当時の評判は不明である。

「戦競で優勝するのはもちろん目標ですが、そこだけじゃない。負けて何を教えてくれたのか、というほうが多かったですね。僕の隊長時代の2年間は無事故で過ごしましたが、この戦競での教訓が活きて謙虚になれたのかと思っています」（杉山政樹氏）

連敗の教訓は「謙虚」。これは、大震災でF‐2B飛行隊18機喪失から、その翼を蘇らせた時に役立ったのは言うまでもない。

ベイルアウト（緊急脱出）——倉本淳元2佐

つねに万端の整備と完璧な操縦をしていても空飛ぶ機械は故障する。筆者は母校の東海大学航空宇宙学科で「落ちない飛行機はない。ただし、それを予防することはできる」と教わった。それでも起きる墜落の危機に際して、その最後の手段はベイルアウト（緊急脱出）だ。機械は作り直せるが、人間の命に代わりはない。

倉本淳元《くらもとじゅん》2等空佐（航空学生43期）のタックネームは「ハカセ（博士）」。

——博士号をお持ちなんですか？

「いえ、持っていません。『タイムマシーン』という宴会芸が得意で、その時の博士役が私だったんです」

——どんな宴会芸ですか？

「体を張った芸で、お酒を飲むと次の瞬間、時間が元に戻って素面《しらふ》に戻る。そこでまた飲む。この繰り返しです。当時はどんなに酒を飲んでも素面状態だったので、このタイムマシーンをよくやりました」

——すみません。くだらなすぎるほどの面白さです。F-4にはどのくらい乗られたんですか？

「1992年から2011年まで19年間、2960時間乗りました」

――F‐4のどこが好きですか？

「独特のエンジン音ですね。離陸する時、アフターバーナーを焚くとキーンという高音からバリバリバリという腹に響く特徴的な轟音が加わるんですよ。でもいちばん好きなのはタクシーアウトする時のエンジン音です」

――ランプ地区から誘導路に出るところですか？

「止まった状態からタクシーアウトのためにちょっとだけパワーを足して、音がすこしキーンと上がるんです、行き足がつくとすぐパワーを引いて誘導路に向けて90度旋回します。エンジン音が低くなる。パイロットと整備員が挨拶を交わす、この瞬間がたまらなく好きです」

――搭乗する時はコクピットに私物などを持ち込まないんですか？

「海外の映画でパイロットが家族の写真をコクピットに貼っているのをよく見ますが、僕は何も持ち込まないですね。でも一度、映画『インディペンデンス・デイ』を観た時、登場人物のパイロットの一人が特別な時に吸うために高価な葉巻を胸ポケットに入れて持ち歩いてました。あれを真似しようと葉巻を買ったんですけど、結局長くは続かなかったですね」

――今まででいちばん危なかったことは？

「それはベイルアウトした時です。死ぬかと思いました。CR（空中戦闘可能）の資格を取るため

倉本淳元２等空佐。F-４EJからのベイルアウト経験者。一瞬一瞬の記憶は航空自衛隊にとって貴重な財産である。

の訓練でした。私は１番機で後席には後輩、２番機の前席が訓練対象者でその後席にはＩＰ（教官操縦者）として先輩が乗っていました。訓練は１対１のＡＣＭ訓練で２機による基本的な機動を行ないます」

Ｆ-４では前席への転換を終えると、アラート勤務できる資格が与えられる。その後、戦闘に参加できるＣＲ訓練を受ける。

この訓練では、まず訓練空域に入ったら、２機は左右に分かれて４〜５マイルの距離をとる。そこでリバース（反転）して、２機は正面に向き合い接近する。まずレーダーミサイル用のレーダーで相手機をロックオン。「フォックス１」とコールして、レーダーミサイルを模擬発射。その後、直上直下をすれ違ったらそれぞれが内側に旋回して隊形をつくる。この時「リバース」とコールする。エレメントリーダー（２機編隊長機）の倉本が「リバース」とコールしたが、２番機が右後方の所定の位置に出てこない。その時、緊急事態が発生した。

——何が起こったのですか？

「2番機がなかなか出て来ないんです。早く出て来いと思っていると、2番機後席の先輩が『ハカセ、火が出てるぞ。ベイルアウトしろ！』と叫んだんです。誰のこと言ってんだ?と思って、目の前の計器を見るとファイヤー警告ランプが点灯しているんです。これは致命的なトラブル発生の表示です。心の中で叫んだ。お前だけは点いちゃダメだろ！　それが点灯している！」

――映画『トップガン』では「イジェクト」と3回叫んでから、射出座席を作動させますが？

「F‐4は『ベイルアウト！』と言います。でも、その時はまず警告灯を確認してから、スロットルレバーをバーンとアイドルまで引いた。そうしたら飛行機が回り出してアンコントロール状態になりました。これはもうダメだと判断して『ベイルアウト！』と叫び、座席の下にあるハンドルを引きました。引いた瞬間に射出です。姿勢だけは正しくしないとダメだと教えられていたので、両肩と頭をシートに付けました。やっぱり怖い時、人間は目をつぶるんですね。次に目を開けたら空中でした」

――パラシュートは？

「上を見たらパラシュートは開いてないんですよ。やばい、開いてねぇー。斜め下に後席が先に落ちていく。それを見て、あっ、今はフリーフォール（自由落下）中なんだと気づきました。高度2万フィートだったんで、1万4000フィートまでパラシュートは開かずに一気に落ちて行くんです。シートに座ったまま後席の後輩が先に落ちていって、姿勢を安定させるための小さい傘が開いてました。俺も同じなんだ、大きい主傘が開くまで、もうちょっと時間があるなと納得しました。それで突然、主傘が開くんですよ」

――凄い衝撃でしょうね？

「それは凄かった。ベイルアウトする時は覚悟してハンドルを引きますけど、落下傘は予告なしで突然開きますからね。で、降下中に乗っていたファントムが見えました。ベイルアウトした時は、アンコントロールで回転していたはずなのにコクピットのすぐ後ろから炎がボンボン出て、黒い煙を引きながら、真っ直ぐ滑空してました。そして海に着水しても海面はしばらく燃えていましたね。そしてしばらくすると何も見えなくなった」

――愛機との別れ……。

「そんなロマンティックなものじゃないですよ。次は自分が無事に着水しないとならないんです。生きた心地はしなかった。海に落ちるのは怖くはなかったが、早く着水したいと思っていましたね。とにかく足が海につけば安心できるんです。でも、そう簡単にはいかない。後席の後輩が先に降下して、私が降下していくと、二人が近づくように見えたんです」

――落下傘がからまって二人とも溺死……。

「だから必死に『あっちに行け！　俺はこっちに行くから！』と落下傘の操縦索を操作しながら指示したんです。でも後席にはうまく伝わらない。『大丈夫です！　大丈夫です！』と声が聞こえてくるんですよ。だから大丈夫じゃねーんだよ。『あっちへ行けぇ！』と必死に叫んでました。でも無事に離れた水面に着水できました」

――冷たい海に？

「1998年5月の東シナ海です。温かいですよ。着水すると、落下傘は自動的に外れます。海中深くに沈みながら私は泡の上がる方向を見てました。その方向に海面がある。そんな話を聞いたのをとっさに思い出しましたね。海面に顔が出て沖縄の青空が見えて、なんとか助かったと思いました。でもまだ試練が続くんです」

――なんですか？

「救命ボートが自動的に膨らんで、それに乗らないといけない。あとからわかったことですが、ベイルアウトした時に背骨が折れていたんです。激痛のため一度で這い上がらないともう乗れないと思いました。幸い一度で乗れました。その後すぐに那覇の救難隊のヘリが救助に来てくれました」

現役時代の倉本氏。事故後には再びF-4ライダーとして復帰。骨の髄までファイターパイロットだ。

――事故後、すぐにF‐4に乗りたいと思いました？

「怖くて、3日間は飛行機に乗りたいとは思わなかったですね。でも自分では懸命に飛ぼうと寝ながら離陸の時を想像するんです。でも、上がった直後にまた火がつくイメージが蘇ってくる。ああ恐ろしい、もう乗れない。よしT‐4なら乗れるかなとイメージする。でもT‐4で上がっていくと、やはりパーンと火がつく。こんな恐ろしいもんには乗れないと……」

――恐怖心をどうやって克服されたんですか？

「1週間くらい経つと、また飛行機に乗りたいと思うんですよ。人間は不思議なことに忘れるんですね」

――それはどれだけ飲んでもすぐに素面に戻れる宴会芸「タイムマシーン」で時間が戻ったのではないですか？

「かもしれません。でも背骨が折れていたんで戦闘機なんて無理だと思っていました。ところが2か月入院して、その後に身体検査が通ったんですよ。それから4か月して、普通の対G訓練を受けて2G制限で乗ってよしとなりました。そして半年くらいして、今度はF‐4の対G訓練を受けて、それで今までどおりに乗っていいとなりました。もう嬉しかったですよ。でも半年ブランクがあるんで、ファントムは思いどおりに動きません。しばらくは後席に先輩が乗ってくれて『まー、そんなもんだよ、最初は。そのうち感覚は戻せるから』と言っていただきました。でも久しぶりにF‐4に乗った時は、やはり感慨深かったですね。それから2011年12月に百里基地の第302飛行隊でラストフライトして戦闘機を降りました。最後までF－4でした」

意志が宿る機械F－4――吉田信也元2佐

吉田信也元２等空佐。総飛行時間6200時間の全フライトで外部点検では素手で点検することをポリシーとしていた。

吉田信也《よしだしんや》元2等空佐は、航空学生36期、総飛行時間は6200時間、そのうちF－4は3100時間。元ブルーインパルスの1番機で、タックネームは「シン」。その由来は当然、名前からである。

――F－4のいちばん好きなところはどこですか？

「いちばん好きなのは機体の影です。F－4は無骨で鈍重なイメージがありますが、地上や海面に映るシルエットがすごくきれいなんです。とくに沖縄での勤務が長かったんで、沖縄の美しい海の上の影は最高ですね」

――筆者は戦闘機マニアを自認していますが、影が好きという方は初めてお会いしました。編隊で飛んでいる時も翼を傾けて見ているんですか？

「多少……こうラダーを踏んで、左旋回しない程度に加減すれば、このまま翼を下に落として影が見えるんですよ。ブルーインパルスにも同じ飛び方がありまして……」

――本物の航空機マニアですね。

「F‐4は舐めるくらい好きですから」

――舐めたんですか？

「はい。若い時に隊長に『ここを舐めてみろ』と言われて、機首の黒いレーダーレドームのところをペロリと。舐めたら塩辛いんです」

――沖縄のF‐4はそれだけ海水をかぶるんだ。整備が大変ですね。

「そのとおり。F‐4は機械じゃないんですよ。意思を持っている。先輩は外部点検する時、手袋しないで素手で触る。小松にいた頃、雪が降って氷点下になっていても、発進前のチェックは必ず機体に素手で触る。『何でですか？』と聞いたんですよ。『これでな、今日も一緒にがんばろうな、とささやいて気持ちを伝えるんだよ』と言われました。それから私も素手で愛機をさわるようにしています」

――騎馬武者が合戦前に愛馬と気持ちを通じさせるやり方と同じです。

「だから、手袋はいらない。自分は6200時間ずっと続けて、一度もエマージェンシーを発する事態に遭遇しませんでした」

――緊急事態ゼロですか。機体と心が通じている……。

「私はそう信じています。ある任務を終え着陸して列線に戻る前に、指揮所から『エンジンカット！』と言われて、なんだ？と思ってエンジンを停止したらオイルがバーッと漏れていた。上がる前にもまたオイル漏れが発見されて、ミッション中止になったこともありました。やはり機と意思疎通ができているんですよ。だからF-4は機械じゃないなと思います」

現役時代の吉田氏。T-4ブルーインパルスで編隊長（リーダー）を務めている。

筆者がインタビューしている背後には取材を終えたOBパイロットたちが控えている。私は倉本氏に聞いた。

――飛行前点検を素手でやっていました？

倉本「よろしく頼むと素手でやるヤツでしょ。私はやってないです」

吉田「だから、ベイルアウトしたんですよ」

――嫌われたんだ、機体から。意思疎通ができてない。

倉本「そうなりますかね……」

――いちばん、素晴らしかったフライトミッションはなんでしたか？

「F‐4での最後のフライト。2対2でACM（空中機動）訓練でした。私は1番機で若い二人を鍛える立場でした。その時は本気でやってやろうと思っていましたが、撃墜されて負けましたね。悔しい反面、嬉しかったです。『グッドミッション』とほめてやりました」

――ブルーインパルスのT‐4とF‐4の違いはなんですか？

「ファントムでコークスクリューはできません」（一同爆笑）

前述したようにコークスクリューとは、ブルーインパルスの演目の一つで、1機が背面で飛んで、飛行場を低空低速でフライバイ（航過）する。その周囲をもう1機がロールしながら飛ぶ。機体後部から噴出するスモークが螺旋状にスクリューの形のように見えるので、この名前がついた。

真剣にバカをやる――吉川潔元2佐

吉川潔《よしかわきよし》元2等空佐。航空学生35期。

――タックネームはなんですか？

「ガメラです。飛行隊では自分でタックネームを付けることはないので、たいていは先輩が決めます。私の場合は、同期3人が同時に赴任して、まとめて怪獣の名前が付けられました。ガメラ、ゴジラ、ギャオスです」

——ガメラは子供たちの味方で格好いいじゃないですか。ゴジラは飛ばないし、ギャオスは飛ぶけど悪役ですよ。飛行時間は？

「6500時間、そのうちF‐4は2000時間かな」

——戦闘機によってパイロットの性格は違いますか？

「真面目な奴はF‐15の飛行隊に行くと幸せです。F‐15はよく言うと紳士的。私的にはええかっこしーが多いわな」

——ファントムライダーはどんな感じですか？

「平気でバカのやれる奴、恥かくことが全然怖くない奴。第301飛行隊で織田さんが隊長の時に面白いことがありましたよ。私の後輩が隊長の尻を撫でたんです」

——それは飛行安全を祈る儀式か何かですか？

「違いますね、きっと。趣味・嗜好の世界ですよ。撫でたかったんでしょうね」

——しかし、織田隊長ですよ？

「だから人違いで撫でたんです。後輩だと思って手を出して隊長と気づいて、三歩下がりましたか

吉川潔元２等空佐。T-3やT-4で教官時代も長い。現在も民間で飛行教官を務める。

らね」

——織田隊長はどうされたんですか？

織田「彼は剣道五段、自衛隊ナンバーワンの剣士で全日本一位なんですよ」

——最強のファントムライダーではないですか！空中でも地上でも。

吉川「でも操縦はからっきしダメだった」

織田「だから、お前は剣道だけやって、フライトはいいからって」

——剣道は正面30度だけ見ればいいけど、空戦は全周囲見なければならない。

織田「ラグビーやサッカー選手のほうが空戦はうまくなる」

——そうなんですか！それにしてもそんな事件があったなんて、F‐4飛行隊は明るいなー！

吉川「アラートに単座戦闘機は４人で待機する。F‐4だと複座だから８人で待機。だからうるさい。よう言われたな。『黙れ！』って」

——吉川さんがうるさいじゃないですか？

「俺が昼寝したら、静かになるんだよ」

――いつも明るいファントムライダーの飲み会はどんな様子ですか？

「まず、隊長が来る前に乾杯の予行演習をする。乾杯をしくじってはいけないから、今のはよくなかった！もう一回となる」

――普通は、いちばん偉い人が来て乾杯してから酒飲みますよね？

「本物の乾杯で失礼があってはいかんわけですよ。それで隊長が来て乾杯する時はもう酔っ払ってますから」（一同爆笑）

――ダメじゃないですか！

「スタート地点から勢いがあるのはいいんだよ」

――すぐに宴会芸になるんですか？

「その場のノリでやるけど、F‐4飛行隊で大きな宴会をやろうとすると、ミッションブリーフィングより真剣に宴会の打ち合わせをやりますね。やるなら、ちゃんとやらないと。たとえばビンゴ大会の景品では条件があって『絶対に持って帰れ』なんですよ」

――なんか、嫌な予感。

倉本「それ、当たったの自分です。庭に置くような陶製のテーブル。ちゃんと持って帰りました」

――バカやるのも真剣ですね。

吉川「そう、大真面目にバカやる。先輩が大喜びして笑ってくれるなら、自分はどんだけ馬鹿でもいい。そんなノリがＦ－４飛行隊にはあります」
杉山「補足すると、バカやっているのは、こういう吉川たちが中心になってやっている。フライトコースに入ると、そのグループがどれだけ団結力があるか、学生に芸をやらせるわけですよ。それがフライトコースを修了して、飛行隊に行くと活きる。航空学生時代に自分たちがどんな持ち芸があるかでキャラが生まれる。教官たちはそのキャラクターをどこの部隊で使おうかと考えながら見る。パイロットの下地は、この時代にできるんです」
吉川「何々向きという教官の評価は書きますよ。本人の希望と一緒にね」
――宴会芸でキャラクターが判定されて配属が決まる唯一の組織ですね。

飛行隊長としての重い責任――織田邦男元空将

ハセガワの72分の1プラモデルのＦ－４ＥＪ改には織田隊長の乗機がある。キットには小さな搭乗員のフィギュアもついているので、プラモデルにもなっている織田邦男元空将は間違いなく「闘将」である。タックネームは「コスモ（宇宙）」。尊敬する先輩のエースパイロットから譲ってもらったという。

防大18期。第３０１飛行隊長も務め、２００６年の航空支援集団司令官当時はイラクに派遣された航空部隊の指揮官として、Ｃ１３０輸送機でクェートから戦闘中のイラク・バグダッドまで人員・物資を空輸する部隊の指揮官を務めた。

——まず戦闘機と輸送機の違いについて教えてください。

「最も大きな違いは、輸送機は上がって降りることが目的ですが、戦闘機は上がって降りるのは当たり前で、なおかつ戦いに勝って帰らないといけない。その訓練をやるわけです」

織田邦男元空将。第301飛行隊隊長や第６航空団司令などを歴任した。イラク派遣航空部隊の指揮官を務めている。

——戦闘機と輸送機で、飛ぶ意味が違う……。

「そう、違う。Ｆ-4は二人しかいない。下手な奴もいる。それでも乗せないとうまくならない。そういう意味で違う気苦労がある」

「バグダッドでは離着陸時にミサイル攻撃や銃撃を心配しなければならない。それは信頼するベテランパイロットに任せる。でも、ファントムの隊長の時は信頼できるファントムライダーを育てる責任がある。そっちのほうが重い責任を感じていましたね」

——Ｆ-4のいちばん好きなところは？

「米国に留学した時、イスラエルのファントムパイロットが同級生だったんですよ。彼はヨムキプール戦争時、F - 4で実戦を経験していました。『お前もF - 4パイロットか！』と意気投合して、F - 4はアグリー・エアプレーン（醜い戦闘機）ということで意見が一致しましたね。最初はF - 4に圧倒されちゃうけど、乗りこなせるようになると、自分の分身みたいに、やりたいように、したいように動いてくれるから本当にいい飛行機です」

――F - 4から見た忘れられない光景はありますか？

「最初は小松基地に赴任しました。日本海の上空である日、ミッションが終わって僚機を先に帰したのか忘れたけれど、単機で飛んでいた。任務終了だから心の余裕がある。夕陽が海面に映って、もう周りに海と空以外に何もない。あの息をのむ美しさはパイロットじゃないと見られない。本当に幸せを感じた。それから最後のスクランブルで上がった時、日の出前の午前4時、真っ暗な中で、よーく見ると高度一万二千フィートから伊能忠敬の描いた地図どおりに噴火湾（内浦湾）が見えた。歩いて地図を作った伊能忠敬は偉いと思ったねー。人生最後のスクランブルで見た光景でした」

――今まで飛行中に出した最高の速度はどれくらいですか？　劇画『ファントム無頼』ではマッハ2・6を出していますが……。

「1・6までかな。F - 15なんだけど、北海道で第2航空団の飛行群司令としてのラストフライトの時にスーパーソニックをつけて、どこまで上がれるかやってみたことがあります。高度五万フィート（1万5千メートル）まで行きました」

ここで、後ろに着席している方たちにも同じ質問をしてみた。

――マッハ2を出した方はいますか？

吉川「日向灘の先の太平洋上のL（リマ）空域。限界性能は見ておくものだってね。最大性能操作でやりました。1・8まで加速は速い。そこから加速しても燃料ばかり減って、ピッチは不安定になって、かろうじてマッハ2まで行って、加速を終わったら四国の向こうまで行ってましたね」

――マッハ2・6は、やはり漫画の世界ですね。

織田「絶対出ない。だけどファントムライダーは音の壁を見た者は結構います。音の壁はプリズムみたいにキャノピー越しに見える。マッハ1を超えると、その壁を突き破っていくのが見える」

――マッハの妖精とか、見えますか？

「何も出てこない。空気が動かなくなって安定する。その代わりエンジンが何か唸り出す。ウーン、ウーンとね」

――思い出の飲み会はありますか？

「宴会が終わったあとの話をしましょう。飛行隊長の頃、飲み会はみんな私の家に集まる。小さな官舎でね、六畳二つに四畳半。そこに50人くらい来ます。座るところないから、皆立って飲みます。玄関に入らない靴は風呂場に入れる。私はもともと酒が弱いから、すぐにひっくり返って寝る。本当に気持ちいいほど食って飲んで帰ってくれる。でも女房が大変。目が覚めたら『すぐ寝るな！最後の最後まで皆と付き合え！』と叱られます」

――奥様のほうが闘将です。

F‐4EJ改との出会い

――F‐4EJとF‐4EJ改は何が違うんですか？

織田「レーダー、システム、コンピュータも違う。完璧な新車とまでいかないけど、第3・5世代の戦闘機になりましたね。レーダーはF‐16Aと同じで、前席でほとんど操作できる。後席が人事不省に陥っても、前席だけでファイト（空戦・射爆）できる、これはとてもうれしかったですね」

吉川「INSはA‐10攻撃機と同じでしたっけ？」

INS（Intertial Navigation System）とは慣性航法装置のことで、戦闘機の針路を指示する、いわば「空飛ぶカーナビ」である。三菱重工製のJ／ASN4は、リットン社製LN‐39のライセンス製品。これがF‐4EJ改に搭載された。LN‐39は1970年代に想定されたソ連軍を主力とするワルシャワ条約機構軍の2万両の戦車軍団が西側に侵攻した時、それを空から攻撃するために開発されたA‐10サンダーボルト攻撃機に搭載されている。A‐10は30ミリ機関砲と各種爆弾で戦車攻撃を任務としていた。総合的に考えると、F‐4改は空戦はF‐16、対地攻撃はA‐10の能力を持ったマルチロール機に変身したのだ。

織田「F・4EJはINSで3時間飛ぶと、現在位置は10マイル（18キロ）の誤差が出る。その修正をしないとならない」

――F・4EJ改はF・16Aのレーダーを載せて、INSは旧型から最新鋭のA・10搭載のINSを載せたのですね？

吉川「だからインターフェースをかなり無理して付けたんですよ。それでCC（セントラルコンピュータ）が搭載された。これで苦労したのは目標を自機のレーダーで探知すると、CCが『ここで旋回しろ、こっちだ』などと指示する表示が出てくるんです」

――やっと、前席に座ったの

1984年から配備されたF-4EJ改には当時最新鋭のF-16A戦闘機（写真上）に搭載されていたAPG-66レーダー、A-10A攻撃機（下）に搭載されていたLN-39慣性航法装置のライセンス品ASN-4を搭載した。

に……。

吉川「そう。これまでのF‐4にはそんなことなかったけど、改になってから機械に指示される。『ここでぐるっと回れ』とか、CCが言うんだよ」

織田「過渡期と言うか、新しいことに慣れなきゃいけない時に自分は飛行隊長。そしてそれに輪をかけるように、F‐4EJ、F‐4EJ改、T‐4、T‐33の4機種を同時に運用していた。発進前のチェックリストも4種類あるし、ギアは何ノットで降ろすとか全部違う。だから新人はT‐33とT‐4に分けた。F‐4は飛ぶのは同じだけど戦い方がF‐4とF‐4改では違う」

吉川「F‐4改に初めて乗った時、なんかパワーが出ているような気がしました。エンジンが変なのかなと思ったけど、そんなわけはないと。それでなぜかと考えてみたら、スロットルレバーの形状が変わったんです。それまではスコップの柄みたいに上から握る形だった。それが改では、指の当たる位置にいっぱいボタンやスイッチが付いたレバーになっていたんですよ」

――今までは手と指で握って前後に動かしていたのが、指はボタンとスイッチ担当、レバーを動かすのは手の平となったのですか？

吉川「スロットルレバーの今までどおりの手先の感覚で動かすとストロークが長くなってパワーが出た。だから、これまで85パーセントで飛んでいたのが、90パーセントになっているから、エンジン出力が上がったと錯覚した」

織田「ボタン操作がいっぱいあって、それに慣れないといけない。若い人はすぐに慣れるけど、飛行隊長くらいの40代は考えながらやるんですよ。このボタンを押して、切り替え、選択して、ミサイル撃ってなどやっていると、もう遅すぎますから」

杉山「正しいモードに入ってるのかなーと考えちゃうんですよ」

織田「そう。だから考えちゃダメ。今で言えばスマホを初めて手にしてどう操作するか悩んでいるようなものですよ。だから、いくらやってても若い者に勝てなかった」

第301飛行隊隊長時代の織田氏。1983年米空軍大学に留学し、実戦で空中戦を経験した各国のパイロットとも交流している。

倉本「1対1のACM大会があったんですよ」

吉川「目的は戦技訓練じゃなくて、ウェポンのどれをうまく状況に応じて使い分けて戦えるかという訓練です。若い者もベテランも一緒になって空戦をやります」

――ベテランが不利？

織田「そう、負けちゃうんだよな」

吉川「優勝したのは、当時の経験の浅い若い者だった」
——新しいことに抵抗がない若手が、えーとと考えているおじさんを全機撃墜。
吉川「HUDが付いてるんですよ」
——それまでのF‐4には操縦席正面に諸データなどが映し出されるヘッドアップディスプレイ（HUD）が付いてなかったんですね。
吉川「うん。HUDはF‐15のブリーフィングルームでACM訓練の様子を見て知っていましたが、まるで『テレビゲームみたいじゃないか』と思っていたものが自分のところに出現したわけですよ」
——ラジオしかなかった村にテレビが来た感じ……。
吉川「そうそう。キャノピーに、自分が見ている方向の眼前に現在位置など何だか、いっぱい数字やマークが表示される。で、それがヒューンと動くんです。ところがそれが邪魔でしょうがない。私が滑走路を見たい時に、そこに丸印が出る。邪魔なのでHUDを切って着陸する。当然、あとでVTRで見るとHUD関連の絵が映っていない」
——おじさんの証しですね。
吉川「悔しいから今度はHUDを点けて飛ぶ。でも邪魔でしょうがない。だから横から見て着陸したよ」
——HUDが付いて前方視界が悪くなった？

吉川「そうそう。飛びながらHUDに表示される数値から速度と高度がわかるようになるまで、しばらく時間がかかりましたね。反射的にコクピットの計器を見てしまうんです」

――かつて読んだ文献では、その昔、海軍の艦上戦闘機が九六式から零戦になった時に、OPL光像式照準器（九八式射爆照準器）が搭載されて、コクピットの風防の前に照準が映し出される仕組みになったんですよ。HUDの元祖です。若い搭乗員は喜んだが、九六式艦戦にはオイジー固定機銃照準器が付いていて、それに慣れていた古参搭乗員は零戦のOPLに慣れるのにしばらく時間がかかったそうです。

吉川「たぶん、HUDはそのもっと複雑なものですなー」

――F‐4改でF‐15にACM訓練で勝てる確率は多くなったんですか？

吉川「はい」

吉田「まずロックオンしたら、HUD上に四角い表示が出ます。F‐4の時はあちらこちら見ながら機影を目視で発見しないとならない。でも、F‐4改からはまずHUDに表示が出るから、発見するのがとても早くなった。絶対そこにいる。だから正面から見つけるのは早くなりました」

倉本「F‐4だと、赤外線ミサイルはシーカーをロックオンさせるためにそっちに機首を向けないといけない。F‐4改はレーダーでロックオンするとミサイルのシーカーが自動でそっちにスレーブするから、レーダーでロックオンさえすれば、明後日の方向にいる敵にもミサイルが撃てる。シュート

マッハ2を出すことは容易ではないが、キャノピー越しにプリズムのような音速の壁を見ることはよくあったという。（航空自衛隊）

チャンスが格段に増えたんです」

――戦闘機の世代が違うと、こうも様相が変わるんですね。

吉川「若い世代はテレビゲーム世代で、その次のスマホ世代は新しい戦闘機をさらに使いこなせますよ」

――でしょうね。デジタルネイティブ世代はF‐35を簡単に使いこなす……。

吉田「それはそれで、たぶんいいことだと思いますけど、最悪の場合、電気系統が全部アウトになったら、その時はどうするか？」

吉川「HUDがアウトになったら、HUDばかりに頼っているやつは着陸できないんじゃないかな」

織田「今は離着陸が本当に簡単。マークを

着陸ポイントに合わせて操縦すれば着陸できる。それがパッと消えちゃうと対応できない。われわれアナログ世代は滑走路の形、高度、速度、機体の姿勢を無意識に把握している。だからＨＵＤをオフにした離着陸を教えないといけない。Ｆ‐４改が入って来た時、着陸時にＨＵＤを用いずに着陸する訓練をしていました」

――いい教官がいらっしゃいますもんね。ガメラ式着陸ですね。

吉川「そう言えば後席の若い者から言われたんですよ。『ＨＵＤが見えません』って」

織田「後席からも見えるからな」

吉川「それで『見えるわい！』とＨＵＤを点けて降りるんだけど、実は横から滑走路を確認してました」

――だから後席の妨げになるんだ。

吉川「そう、後席からすれば、俺が邪魔」

10　最後のドクター——列線整備小隊

未来を託せる職場

百里基地は、長さ2700メートルの滑走路が2本ある。その滑走路を、夕陽を背景にアフターバーナーの火を噴きながら、次々と第301飛行隊のF‐4が離陸する。

J79エンジン2基が爆音とともに2月の冷たい空気をあっという間に熱し、陽炎を作り出す。やがて関東平野西の山並みに夕陽が沈む。基地を闇が包み始める。しかし飛行隊の活動はまだ続く。

格納庫の屋根からナイターの球場のような照明が点灯し始める。淡い緑色の優しい光が格納庫と列線だけを明るく照らす。星の瞬き始めた夜空に爆音が戻ってくる。ナイトフライトを終えたF‐4だ。F‐4は基地の管制塔のコントロールで着陸態勢に入る。その管制塔には百里管制隊管制班、西恵美3曹がいる。管制官が最も大変なのはどんな時なのだろうか。

「ほかに多くの飛行機が飛んでいる時に、空自機にエマージェンシーがかかった時です。燃料の残量確認をしたら、ベテラン管制官にアドバイスを求めることもあります。自分を落ち着かせる方法は過去の似たような状況や教育訓練で学んだことを思い出します。訓練生がマイクを握っているとわかると、パイロットは優しい感じのボイスを送ってくれます」

ファントムライダーは空にあってもつねに優しい。管制官としていちばんうれしいのはどんな時か？

「GCA（グランドコントロールアプローチ：地上管制官が飛行機を着陸コースに誘導）で、TR（トレーニングレディ：訓練途中のパイロットが前席に搭乗）を誘導して、うまくコースに乗せて、後席の先輩パイロットから『グッドコントロール』と言われるとよかったなと思います」

西3曹は基地の各隊との合同の飲み会で、F‐4パイロットたちと会うことがある。

「たまにあの時のあの方だと、声と顔が一致する時があります」

素敵な再会だ。職場としての空自をどう思うのか。

「仕事を続けていくうえで制度がしっかりしています。たとえば男女の別なく育児休暇が取得できます。結婚、出産してもずっと続けられる職場だと思います」

未来を託せる職場が空自なのだ。

夜間訓練を終えたパイロットたちが戻ってきた。この後もディブリーフィングやレポートの仕事をこなす。アラート待機はもちろん24時間だ。

夜間訓練を終えたF‐4が次々と舞い降りてくる。ドスンと接地するとともに垂直尾翼の真下からドラッグシュートが開く。急激に減速し、滑走路からタキシーウェイに移り、ヘッドライト（タクシーライト）を点灯したF‐4が列線に戻ってくる。

列線整備員が右手に赤色、左手に緑色のライトスティックを持って、F‐4を列線の正しい位置に誘導する。それに従いながら、きれいに左90度ターンをして停止する。垂直尾翼の赤い尾翼灯が光る。

前後席のキャノピーが開き、パイロットはエンジンを停止。列線を切り裂いていたエンジンの回転が落ちて急速に静寂が戻ってくる。エンジンに温められていた夜の空気に再び冷たさが戻る。列線整備員がフラッシュライトを片手に機体下部の点検を開始する。

前脚タイヤ部分から機体下部、懸架された増槽、主翼、両主脚をチェックしていく。アフターフライトチェックを終えたパイロットが降りると、車輪付きのラダーが垂直尾翼の近くに運ばれる。畳んだドラッグシュートを収納筒に入れ、蓋が正常に開閉するかテストする。燃料給油車が横付けされて3本の増槽と機内タンクを満タンにする。何かあればすぐに飛び立てるようにするためだ。牽引車が到着して丈夫な牽引棒を連結し、格納庫に移動させていく。

牽引車は格納庫前でF‐4をターンさせて所定の位置にプッシュバックしていく。脚部分に黄色い車止めがかけられる。格納庫内は無駄なスペースが皆無なほどビッチリとF‐4が収められる。格納庫の扉が閉じられ、照明が消される。F‐4は夜明けまでの短い眠りにつく。

列線整備員たちの一日がようやく終わりを告げた。

タイプ別の新人整備員教育――朝倉新2尉

第301飛行隊整備小隊長の朝倉新《あさくらしん》2等空尉に初めて会ったのは、早朝の301飛行隊の格納庫内の整備員待機室だ。格納庫の扉が開き、次々とF‐4が列線に並べられる。それを見事に指揮していた。年齢を聞いた。

「28歳です」

筆者は唖然とした。落ち着いた指揮統率ぶりにもっと年長者ではないかと推察していた。朝倉小隊長にF‐4整備小隊について聞いた。部下の列線整備員たちは、どんなタイプなのだろうか。

「いろいろな者がいますが、たとえばマニア系。プラモデルや趣味誌でF‐4についてすでによく知っていて、整備員を志望したという者もいます。この連中は『おーこれだ！ファントムだ！』と、喜び勇んで来るわけですから、教える側としては、とてもやりやすいです。F‐4の整備が面倒なのも承知しているので、熱心に働いてくれます。次は、パイロットを希望したものの夢かなわず、でも飛行機のそばで働きたいという者です。彼らは最初、扱いにくいところもありますが、飛行機にはリスペクトがあるから大丈夫です。そして、まだ自分自身の適性や本当にやりたい仕事が決められない者たちが最も多数を占めます」

現代の新人たちは当り前のようにスマホがあって、ちょっと画面をタッチすれば必要な情報が得られる便利な世界で暮らしている。そんな若者が1960年代の技術のF‐4と出会う。そんな旧来の整備技術をどのように教えるのか、筆者には謎だった。

「そのやり方は戦闘機の機種にかかわらず、実は同じなんです。配備された当時から今まで40年間、改訂され続けてきた取扱説明書があります。そして、それを基本にして、部隊で作っている手順書をもとにOJT（On the Job Training）を実施しています。まず取扱説明書と手順書を徹底的に読ませます。次に教官が整備作業にあたっての危険箇所を説明します。その後、基本手順を説明書に従って説明していきます。次にそれをわかりやすくした手順書があります。一つひとつの手順にかかる前に、それを一回読ませます。そして実際に一緒に列線に出て教育していきます」

列線整備員の教育もファントムライダーと同じく二人一組。

「そうです。OJT教官をマンツーマンで付けて指導します。列線に出た段階で、新人整備員はあたま数として数えません。教官が整備する後ろについて学んでいく。それから新人整備員にもやらせてみる。やらせてみて『それは違うだろ!』と指導しながらやっていきます」

列線整備員の新人も複座式教育だった。

第7航空団第301飛行隊整備小隊隊長 朝倉新2等空尉。情熱をもってF-4整備員を育ててきた。これからが正念場だ。

「実質的な教育方法はF-4導入当時から変わってないところがあります。しかし、少しずつ機械は改良されていきます。すると、こういう手順は危険だ、ここは新たに注意しないといけないと、どんどん点検箇所も点検方法も変わっていきます。そういうこともまた一から教えます」

新人整備員に付ける教官は、どのように選抜されるのだろうか。

「私は小隊長ですが、この下に列線分隊があります。その分隊にはAフライトとBフライトがあります。各フライトチーフがこの新人にはこの教官が適任と人選します」

3タイプの新人整備員それぞれに、どんな教官がつくのか。

「マニアタイプには厳しい教官役をつけたほうが育ちます」

それは筆者にもよくわかる。『こんなことも知らないのか?』と言われれば、それに反発してさらに燃えるものだ。

「パイロットになれなかった新人には頭のいい人をつけます。将来の進路を迷っている者にはていねいに指導できる者がいいです」

絶妙なキャスティングだ。新人列線整備員の複座式教育は完璧だ。

F-4整備員のこれから

朝倉小隊長には、今いちばん苦労していることがある。それは人事だ。第301飛行隊、第302飛行隊は、次は三沢基地に移動し、運用する機種はF-4からF-35Aに変わる。第3世代機から最新の第5世代機である。

「その整備員をどこから持って来るんだ?ということなんですよ。ほかの部署では優秀な者を集めて、アメリカに留学させて最初の要員の養成を始めていると思います。しかし、ここの若い者たちは

Ｆ‐４しか知りません。今後、彼らが活躍できる場を作っていく必要があります」

ほかの飛行隊は戦闘機ならば、Ｆ‐15、Ｆ‐２、Ｆ‐35Ａを運用している。

「異動先で教育・養成の体制を作ると、本来の隊務のお荷物になっちゃうんですよ。また、隊員たちはそれぞれの生活や個人の事情があり、ベテランには家族がいます。一人ひとりの人生の幸福も考えなければいけないというのが、私の職務の一つです」

Ｆ‐４の余命を預かるドクターは、同時に隊員たちの人生の今後を考えなければならない。

部品をやり繰りしてＦ‐４を使い切る

導入以来、半世紀近くを経たＦ‐４は交換部品に苦労しているのではないかと筆者は考える。

「ＥＪ改が登場する前、すでにパーツ交換の整備方式に変わっています。ただし、一部は昔ながらのやり方をしているところもあります。各部ごとにそれぞれ修理しています。とくにＥＪ改になってから、電装品関係はほとんどＬＲＵ交換、つまり一つのユニットになっていて、それをそっくり交換したら、それで完了というのがほとんどです」

しかし、年月は経ている。

「用廃（用途廃止）で飛べなくなった機体に部品を付けていても意味がないですから、そこからの部品の確保は当然、実施しています。取り外した部品を在庫として確保し、活用しています。その過程で使える部品、使えない部品を選別しています」

頼めばすぐに交換品を入手できる新鋭機とF‐4では状況が違う。そんな過酷な部品枯渇状況のなかで天才的な整備の腕を持つ〝神技〟整備員はいるのであろうか。

「いますね。昔はやっていなかったような方法で部品の可動率を上げています。たとえば、ある部品は2個それぞれはダメでも、それを一つにしたら使える。このような本来しなかった整備のやり方を提案し、確立しています」

F‐4自身が不具合や故障のメッセージを発信するようなことはあるのだろうか？

「それはあります。それを知っているのが各機体の機付長。それぞれの機体について知りつくしていて、この機は俺の分身です、と言う者もいる。だから基本的に毎日、機体を診ているので細かい変化でもすぐにわかります」

機付長こそが整備の要《かなめ》だ。F‐4の整備で、いちばん苦労している点はどこだろう。

「航空機のやり繰りですね。長年の使用実績でまだ十分使ってよい機体とそうではない機体の差がかなり出てきています」

その分かれ目は何が決めるのだろうか。

「飛行時間です。結局、航空機は飛行時間で定年になるんです。製造時期が同じでもハードに使われて、残り何十時間しかないという機体と、それほど使われずに何百時間も残っている機体があります。まだまだ働けるものと、そろそろ終わりというものがいま一緒にここにいます」

同じF‐4ファントムでも、酷使された機体に無理はさせられない。しかし、第301飛行隊は最前線で戦う飛行隊だ。どんな機体も同じように飛んでもらわないと困る。

「だから必要に応じて、働き続けている老体も飛ばさないといけない」

朝倉小隊長は、それぞれの余命を知っているドクターなのだ。限界をわかっているゆえに要求のハードルも高くなる。

「この訓練にはこの機体を必ず使いたいので、いついつまでに絶対に直してください！と言われる。ところが、それには手間と時間がかかる高度な整備が必要で、ドック（整備専用格納庫）に入れないと修理できない場合もあります」

余命いくばくもないF‐4ファントム。柏瀬団司令が言うとおり、「戦力として使い切る」には、朝倉小隊長らの整備隊の双肩にかかっている。それには老体たちの面倒をみるドクター役の整備員が多く必要になってくる。

「F‐4が百里基地に集まった結果、F‐4が引退するまで支えてくれる、新田原基地から一緒に異動してきた整備員たちがいます」

まさにF‐4サムライだ。いやF‐4ドクターである。

「F‐4ひと筋30年のスーパーミラクル上級者から8年目くらいの中級者たちです。説明書、手順書に書かれていない作業上の細かいことを後輩や周囲に伝えてくれます。無線で状態をちょっと聞いただけで『故障箇所はここだ』と言い当てるほど機体を熟知しています」

F‐4が飛び続けられる理由がはっきりした。整備員の職人技は、F‐4を使い切る、その瞬間まで発揮される。その最前線にいる列線整備員たちに話を聞いた。

F‐4は手のかかる弟のようなもの——藤江航平3曹

第301飛行隊整備小隊の藤江航平《ふじえこうへい》3等空曹は、朝倉小隊長の言っていた、新田原から異動してきた一人だ。担当は426号機。航空整備員になり、任地として新田原基地の第301飛行隊を希望して配属された。

初めて一人で整備を任された時、藤江3曹はとても不安だったという。それまでは自分の作業後には先輩が確認してくれたが、その日からすべて一人で完結させなければならないからだ。

そんな藤江3曹も、今は9年目のベテランで、朝倉小隊長が最も頼りにする機付長の一人である。

「F‐4自体が僕は好きなんです。離陸時、F‐15やF‐2は短い滑走距離ですぐに上がるんですが、F‐4は重量感たっぷりに上がって行く姿がとても格好いい。とくに後ろ姿がよくて……。整備員はラストチャンスチェックといって滑走路の真横で最後の点検をします。そのあとは整備員しか見られないアフターバーナーの炎を噴きながら離陸する後ろ姿を間近で見られるんですよ。真っ暗な夜

第７航空団第301飛行隊整備小隊 藤江航平３等空曹。Ｆ-４EJ改426号機の機付長。機首のエアインレットに彼の名が記されている。

のアフターバーナーの炎がいちばん好きです」

Ｆ‐４は列線整備員たちの目にどのように映るのだろうか。

「格好いいんですけど、何をするにも、とても手のかかる飛行機なんです。Ｆ‐２やＦ‐15は飛行機自体でエンジンを始動できますが、Ｆ‐４は起動車から電力とエアコンプレッサーで圧縮空気を送って、エンジンブレードを回さないとなりません。面倒なのですが、そこが可愛いところなんです」

Ｆ‐４はエンジン始動以外にも、決定的な整備員泣かせの特徴がある。

「Ｆ‐４の翼は地面からの高さが低く、整備するにも機外燃料タンクを胴体の下、翼の下に付けるのはかなりしんどい作業です。とくに腰に負担がかかります」

Ｆ‐４は、Ｆ‐15やＦ‐２に比べると、地上に駐機した状態の地面と機体、翼の間が狭い。整備員たちは身をかがめて作業する。これは腰にくる。

「いちばん大変な作業はタイヤ交換です。タイヤを外す前にブレーキを全部外さないとダメなんです。それからやっとタイヤが外せます。そして再びタイヤを取り付けようとしても、すんなりと付いてくれないんです。タイヤは重いし、ブレーキは熱いし、大仕事です」

何をするにも大変なのが、Ｆ‐４なのだ。

「だからＦ‐４は、私にとって手のかかる弟みたいな存在です」

整備員とパイロットは一心同体

整備員の一日を聞いてみた。それによると、朝６時から課業開始の日は４時半起床。20分後には家を出る。緊急事態に備えてつねに携帯電話はオン、制服は布団の横に置いて寝るという。常在戦場である。

基地に出勤して格納庫からいっせいにＦ‐４を出す。そして一度、始業前に点検をする。その日のフライトが始まり、Ｆ‐４が離陸する。フライトは１時間から数時間ほどで、その間、整備などの作業がなければ休憩できる。しかし、その時間を使ってほかの機体に燃料タンクを付けたり、タイヤ交換などの作業を行なうこともしばしばだ。やがてＦ‐４が続々と帰投してくる。着陸した機体を整備してまたフライトに送り出す。その場合はまったく休憩時間はなくなる。

昼食は、営外居住者（妻帯者など基地外からの通勤者）はわずかな空き時間を見つけて、愛妻弁当を5分ほどで食べる。基地内に住む営内居住者は、列線から基地の食堂までは遠いため食べに行く時間がない。

藤江3曹の工具を見せてもらった。カドの取れたドライバーやインチ・ゲージが刻まれたマルチツールが渋い。

そこで、食堂で出される昼食が格納庫内の整備員待機室まで運ばれてくる。短い昼休みが終わると、午後も列線に戻って作業を続ける。

終業は午後8時か9時になることも珍しくない。一日が終わり、燃料を満タンにしたF‐4を次々と牽引車で引いて格納庫に収める。

「格納庫にF‐4を牽引車でバックしながら入れるんですけど、駐機するポジションが定められていて、そこに一発で決めると気持ちいいです。でもそれはもう当たり前になっています」

藤江3曹の作業はこれで終わりとなる。

「飛行機を格納したあとに、ありがとう、お疲れさんと心の中でつぶやく者もいると思います。私は最後はぐったりと疲れてしまい、無事に一日が終わってホッとするばかりです」

こうして列線整備員の一日は終わる。

「とりあえず隣の部隊（第302飛行隊）には、技術でも体力、気力でも負けたくありません。昔は整備技能を競う訓練もありました。タイヤ交換などの作業をどちらが早いか競うわけです。お互い絶対に負けない自信があります。ライバルが近くにいるのはいいことです」

列線整備員たちもつねに勝つことを念頭に仕事に取り組んでいる。空自が戦闘集団である証しだ。

整備員とパイロットとの関係について聞いてみた。

「F-4のパイロットはとても気さくな方ばかりです。本来ならばパイロットは階級が上の幹部なので気軽に会話できる相手ではないのですが、あの、あそこにいる方も3佐ですが……」

藤江3曹は、近くにいたパイロットの木村壮秀3佐を見た。木村3佐からも笑顔が返ってきた。

「ふつう3佐にはこちらから声をかけにくいのですが、F-4パイロットは親しい同僚感覚で、とても話しやすいです」

列線整備員とF-4パイロットの階級や職務の垣根を越えた関係は、取材していてもよくわかった。

いちばん真剣な会話を交わすのは戦競の時らしい。

「各飛行隊の対抗戦なので、発進直前にはパイロットに『頑張れ』『負けるな』などと励ましの言葉をかけます。降りて来た時には『負けたのか？』とまた声をかけます。年齢も近い永岡1尉とは友人のように話せますが、3佐となると言葉遣いには気をつけますね」

筆者の脳裏に永岡1尉の顔が浮かんだ。確か戦競では負けたはずだ。

「アラートハンガーでスクランブルの時は突然発進しろとなるので、何かを話している余裕はありません。でも待機中はふだんと同じように楽しく会話しています」

F‐4を中心にパイロットと列線整備員は一心同体なのだ。

「私はキャノピーをきれいにするんです。小さなゴミや汚れがあっても空中では邪魔だと思うので。パイロットが乗り込む時『きれいだね』『ありがとう』などと声をかけられると、とてもうれしいですね」

人は誰でも誰かにほめられたい。ほめられればさらに励みになる。だからF‐4パイロットは必ず謝意を示す。複座で鍛えられた会話術をファントムライダーたちは持っている。

整備のコツを先輩から伝授——中村太一3曹

その第301整備小隊が絶対に負けたくないという、第302整備小隊に話を聞きに行った。

顔を見た瞬間、筆者は（大河原列線班長〔後述する〕に似ている…）と心の中でつぶやいた。もちろん親子ではないが、漂う雰囲気が同じだった。話し始めると明るく快活で、笑顔が素敵な好男子だ。中村太一3等空曹は入隊8年目、320号機の機付長である。320号機は『ファントム無頼』に登場した伝説の機体で、今も現役で飛んでいる本物である。

320号機はF－4の中でも1973年に納入された初期の機体だ。中村機付長が生まれたのはその20年後。古参のF－4の中でも、とりわけ古いので故障も多いという。

「最初にF－4を見た時、でかいなーと思いました。それとほかの飛行機にはない、独特の外観をしているんですよね」

整備小隊に所属する整備員は、フライトが予定されている2時間前から作業開始となる。早朝にフライトが予定されてない場合は午前7時30分に出勤する。

列線整備員は3人1組で1機のF－4を担当し、フライトの前と後にそれぞれ1時間かけて点検する。

「320号機は、機体各部のネジに不具合が出ることが多くあります。いちばん多いのは翼で、旋回時に力が加わる部分なので、先端にいけばいくほど負担がかかる。翼の先端部分のネジはゆるむことが多々あります」

地上点検でどのようにして、それがわかるのだろうか？

「ドライバーの握り部分でこすったり、叩いたりするとネジがゆるんでいる場合、正常とは異なる音がします。ベテランの先輩になると、見るだけでゆるんでいるとわかります」

ドライバー類もF‐4の専用工具なのだろうか。

「航空機整備分野で定評のある専門メーカーのものを使っています。工具はそれを使用する人の癖がつきます。自分はプラスドライバーでこするので、その握り部分がすり減っています」

整備員たちが使用する工具を見せていただいた。それぞれのドライバーの握り部分の減り方や傷のつき方が異なっていた。印象的なのはプラス、マイナスの金属部分もその減り方は違っていた。宮大工の使う道具が各自で違うのと同じだ。

「私が見てわかるのは、ネジのゆるみと機体表面からのオイル漏れです。風でオイルが流れて付着した痕で発見できます」

列線整備員たちのこの地道な仕事の積み重ねが安全な飛行につながっている。

「整備員はパイロットを信頼していますし、パイロットも整備員を信頼してくれている。この信頼関係がいちばん大事ですね」

整備員とパイロットとの信頼関係が飛行隊を形づくり、力の源泉になっている。

「雷雨の悪天候の中を帰ってきたパイロットから『雷が真横で光ったよ』と聞いて、『無事に帰ってきてよかったですね』とねぎらいの言葉をかけることもあります。『危なかった―』と、怖い体験を話してくれるパイロットもいました。飛行中の被雷はよくあり、点検で雷による損傷を発見するこ

第７航空団第302飛行隊整備小隊 中村太一３等空曹。先輩たちから説明書にないコツを学ぶ。それをどう次につなげるのか。

ともあります」

実際、被雷が原因で墜落した事故例もある。

F‐4のどこがいちばん好きなのだろうか。

「手間がかかるところですよ。40年間も飛んでいるので機体に歪みがあったりして、説明書どおりにいかないんですよ。そんな時は、この飛行機はこうすればいい、この故障はこう対処するのがいい、といった先輩たちが蓄積したコツがあるんです。説明書だけではわからない部分は、先輩からそのコツを伝授してもらうしかないです」

F‐4ならではの秘伝の技があるのだろうか？

「機外燃料タンクの取り付けと取り外しはとても大変な作業なんですけど、私は大好きなんですよ。F‐15やF‐2だったら、燃料タンクはカチャッと簡単に付いてくれるんですけど、F‐4はなかなかそうはいかない。2～3人で抱えて『もうちょっと右、ちょい左、少し上』とやるわけです。

でも付かないんですよ。そこで先輩が『もうちょい、こっち』。それで付いた！となるんですよ」

それをF‐4の整備では避けられない中腰の姿勢でやる。

「そうです。作業中にぎっくり腰をやりました。コルセットを巻いて、腰が痛いな…と思いながら作業を続けていたら、激痛が走り、そのまま動けなくなって救急車で運ばれました」

最前線での負傷である。そんな手のかかるF‐4のどこが好きなのだろうか。

「離陸がいちばん好きです。重量があるんで滑走路を目いっぱい使って離陸していくんです。まだ浮かない、まだ浮かない、浮いた！みたいなところがいいんです。着陸もスーッというよりドスンという感じなんすよ。それがまた格好いい」

中村3曹にとってF‐4はどんな存在なのだろうか。

「兄貴的な存在です。自分より先に生まれているし、昭和の男っていう感じです。手のかかる兄貴だけど頼りになる仲間でもあります」

まさにそのとおりだ。では、ライバルの第301飛行隊については？

「私たち第302飛行隊から見て、第301飛行隊は質実剛健。われわれには、不真面目というわけではないのですが、自由闊達な気風があります。第301飛行隊は硬派なイメージなんですよ」

ライバルは互いに競い合って力をつけていく。それは第7航空団全体にとってよいことだ。そうして数年経てば中村3曹も、次に登場する大先輩のようになっているのであろう。

F‐4ひと筋の匠――大河原義仁1曹

頑固で説得するのに手ごわい職人のような男が目の前にいる。F‐4がそのまま人間になると、こうなると示しているかのようだった。

大河原義仁《おおかわらよしひと》1等空曹。第302整備小隊の列線班長である。長いキャリアの中で、偵察航空隊のRF‐4、ブルーインパルスでT‐4を担当した時期もあったが、沖縄と百里では戦闘機部隊のF‐4ひと筋の整備の匠である。

「当日の人数の増減で、稼働させられる飛行機が何機というのが決定しますので、それを掌握しながらパイロットに機体を提供します。雪が降れば、除雪などに要員を割くことになり、明日飛ばせる飛行機は何機というのを人員数から計算します。運用希望の機数が示されて、それをもとに計画を立てて、いちばんいい状態になるように調整していきます」

長い経験の中で、F‐4に大きなトラブルが発生したことはあるのだろうか？

「脚が折れたというのが、あったくらいですね」

2017年10月18日午前11時45分、百里基地で滑走路へ向けタキシング中のF‐4EJ改の主脚が突然折れ、機外燃料タンクが地面に触れて発火、火災が発生した。パイロット二人は無事脱出。20分後に鎮火したという事故だ。

「私たちも事故後に各部隊と一緒に機体を回収しました」

Ｆ－４は相棒になるのだろうか。

「私の考えでは大切な国の財産、日本を守るために大事な装備品という認識です。それを効果的に運用するためにパイロットの手助けをしているのが、われわれ整備小隊です」

大河原１曹は、Ｆ－４のどこが好きなのだろうか。

「全部好きですね、すべていいですよ」

格好いいとしか言いようのない武骨な男の生き方である。

「実は私は小心者なので、整備作業に必要な工具がちゃんとあるか、忘れものがないか、ちゃんと確認してから作業に入ります」

腰のベルトに整備作業に必要なドライバー、ライトを差し、小さいポーチにはそれら以外の持ち物（手袋やメモ）を入れている。

「ずっとＦ－４をやっているので、機種によってどれが大変で、難しいというのはわかりません。決められた手順に従って淡々と作業するだけです」

Ｆ－４の整備は大変だと整備小隊の誰もが言っているが、大河原１曹だけは違った。

「私のお気に入りの作業はタイヤ交換です。それをやっている時は仕事のやりがいを感じます。手間がかかる作業ほど楽しいんです。飛行機も完全ではないので、どこかしら不具合があります。それを未然に防ぐということで整備するわけですが、不具合は思わぬところから出てきます。ここかな？

第７航空団第302飛行隊整備小隊 大河原義仁１等空曹。管理分隊、列線整備分隊を率いる列線班長を務める。

と当たりはつけるんですが、ちゃんと調べないと断言できないからね。そこで、この辺だろうというところまで調べて、あとは本格的に整備する部隊に任せます」

その不具合箇所は、どのようにわかるのだろうか。

「叩いたり、撫でてわかることもあります。たとえば接合箇所が浮いていれば、叩けば音が変わるじゃないですか。正常ならカンカンと音がするのに、ポコン、ポコンという音になったりするんですよ。私が若い時、先輩たちの作業を見ているとスキルが違うわけです。それを見て俺もこうなりたいなと思いました。今の立場になって、若い者たちから『これはどうしてですか？』と聞かれる側になる。自信をもって『それはこうすればいい』と言えます。それは才能じゃなくて経験と努力なんですよ。先輩から教わったり、自分で積み重ねた経験と知識が活きてきますから」

職人の世界なのだ。後輩の育て方には何か極意はあるのだろうか。

「私は基本的に可否をはっきり言います。よい時はほめ、悪い時はしかります。よい仕事をすれば『お前、よくやっているじゃないか』とほめます。私が先輩からしてもらったようなことを後輩にやっています。何か不手際があれば命に関わることもあるので、そこは、はっきりと『これはダメだ』と厳しく注意します」

こうして若者は育てられていく。

「私が若いころ『お前、できるようになったな』と先輩から言われた時はうれしかったですね」

一人前になるとは、パイロットならば後席から前席に移った瞬間だ。第302飛行隊整備小隊の雰囲気はどんな感じなのだろうか。

「自慢できるのは、職場に活気があるということですね。むしろ明るすぎるくらいのところもあるんです。職場が明るければ、意思疎通もよくなり、いい仕事ができます」

最近、大河原1曹が感動したことがあった。

「飛行隊の40周年記念の式典のあとで、今の私と同じ立場のチーフだった大先輩と久しぶりに会いました。その時、『F-4の部隊らしくなったね』と言われたのはうれしかったですね。それまでの努力や苦労が報われたと思いました」

先人から若者に伝統と経験が伝えられ、技術が継承される。そして、F-4が今日も大空に舞い上がる。

列線で手に負えない故障が発生したF‐4は、ドックと呼ばれる整備専用格納庫に運び込まれる。そこで活躍するのが第7航空団整備補給群検査隊だ。

ファントムだったら、どこも好き――堀江史郎1曹

第7航空団整備補給群検査隊の堀江史郎《ほりえしろう》1等空曹は、1990年に入隊、28年間、F‐4整備ひと筋の46歳である。実年齢より10歳は若く見える。老体のF‐4から逆に若さを与えられているからだろうか。

「ファントムだったら、どこも好き」と堀江1曹も言う。

その中から、あえて好きなところを挙げていただいた。

「まず、胴体の独特な断面形状。胴体がちょっと凹んでいるんです。次に斜め上から見たコクピットです。F‐15に比べると圧迫感のあるレトロで特徴的な形をしています。それと機体後部です。エンジンノズルにつながるブラストパネルが焦げて真っ黒になっていて、もともとは艦載機なので、かなり頑丈なアレスティングフックが付いているのが、ファントムの大きな特徴です」

その語り口からファントム愛が伝わってくる。さて、検査隊とはどのような任務をする部隊なのだろうか。

「検査隊は、第7航空団と偵察航空隊が保有している機体の定期検査と、計画外の整備および故障の修復です」

列線整備小隊がガソリンスタンドならば、検査隊は車両整備技術工場だ。

「F‐4のすべてが検査隊泣かせだという。

「F‐4が検査で入ってきた時は、とくに注意して故障の原因になりそうな箇所の早期発見に努めています」

用途廃止は検査隊で決めるのだろうか。

「用途廃止については上級部隊から指示を受けます。以前、408号機の左の主脚が折れた事故がありました。最初、F‐4の疲れの症状が出たと思いましたが、事故調査の結果、経年によるものではないことがわかりました。メッキ処理の関係で、水素が材料に吸収されると、そこが脆弱になることがあるんです。たまたまそれが折れた左主脚に現れたということです」

それは、ファントムからの何かのメッセージのように思える。

第7航空団整備補給群検査隊 堀江史郎空曹長。定期検査と修復を担当。涼し気な眼差しだが、わずかな綻びも見逃さない。

「私もそう思っています。すべてのF‐4について『ここはいずれ致命的になるよ』と408号機が言っていたんだと思います。あの事故があった時、この機体はすごく頑張ったなと私はそういう目で見ました」

その後、主脚に関しては徹底的な調査と対策がとられたのは言うまでもない。

11　F‐4を支えるメカニック集団

三菱重工小牧南工場――２０００年代も通用する戦闘機

名古屋県営空港に隣接する三菱重工小牧南工場は、F‐4EJ改が飛び続けるためにアイラン（IRAN：Inspection and Repair As Necessary）を実施している。東日本大震災の津波で損傷したF‐2Bの修復もここで行なわれた。

アイランは、部隊で検査・修理ができない箇所を三菱重工および関連企業の工場で定期的に検査・修理し、適正な品質を維持するために行なわれる。

筆者はF‐4のアイランの現場を取材した。まずF‐4EJ改がどのように生まれたのか、そのプロジェクトを手がけたエンジニアの尾関健一氏（61歳）にインタビューした。尾関氏は三菱重工を6

年前に退職し、現在はグループ会社に勤務している。

１９８１年、尾関氏は三菱重工に入社、その同時期にＦ‐４ＥＪの能力向上プロジェクトが始まり、試改修機にあたる４３１号機の改修作業の開始から納入まで関わった、プロジェクトを最もよく知る一人だ。これまでに４３１号機に続き、90機が改修されている。

「機体の耐用年数の延長と近代化によって、２０００年代でも通用する戦闘機にする。とくに火器管制システムの能力向上ですね。もともとＦ‐４は要撃戦闘機でしたが、これに支援戦闘機が持つ支援戦闘能力、すなわち対艦・対地攻撃能力を追加します。そして、マルチロール（装備の変更によって、制空、各種攻撃など多任務に対応できる能力）の機能を持った戦闘機にしようというのがコンセプトです」

当初、Ｆ‐４の導入時には、要撃戦闘機に爆撃装置や空中給油装置は不要などと国会で論議されたが、改修するにあたって、国から出された運用要求には支援戦闘能力も付与されることになった。しかし、まったくのゼロから開発設計するのではない。すでに完成された機体にいろいろな装備を追加することになる改修は容易ではないだろう。機器の換装、新たに装備品を搭載するにも機体の大きさは変わらない。

「私は電気屋なので、アビオニクス（電子機器）の改修を担当しましたが、スペースの確保には厳しいものがありました」

21世紀でも使えるマルチロール戦闘機にするには、まず「目」をよくしなければならない。敵をいち早く遠くから発見することが勝敗につながる。昔の空戦は真昼でも星が見える視力が有力な武器だった。「大空のサムライ」坂井三郎氏も抜群の視力で、敵機を誰よりも早く見つけた。現代ではその視力に代わるのがレーダーだ。

「F‐15のレーダーに比べてF‐16のレーダーは小さいので、F‐4の機首に収容できたんですよ」

F‐4EJ改の機首レーダーはF‐16Aと同じAN／APG‐66Jレーダーに換装された。

「F‐15のレーダーも検討しましたが、入らなかったんです。F‐16のレーダーはわりと小型ですから」

レーダー本体を搭載できても、そこからコクピットまでの配線がまたひと仕事だった。

「配線は確かに厳しかったですが、既存のアビオニクスの不要になった配線を取り除くことでスペースを作りました。実は追加配線はシステムの統合化によって従来よりもコンパクトになっているんです」

それまでEJのレーダーは、後席のパイロットが必死に調整して「あっ映った、映らない」といった具合に職人芸的な技術で調整して、敵影をレーダースクリーンに映し出していた。下方を見る「ルックダウンモード」では、海面の波でクラッターを拾うとまったく映らなかった。それがAN／APG‐66Jになってから、つねにきれいに映るようになった。後席の職人的レーダー調整技術は過去の

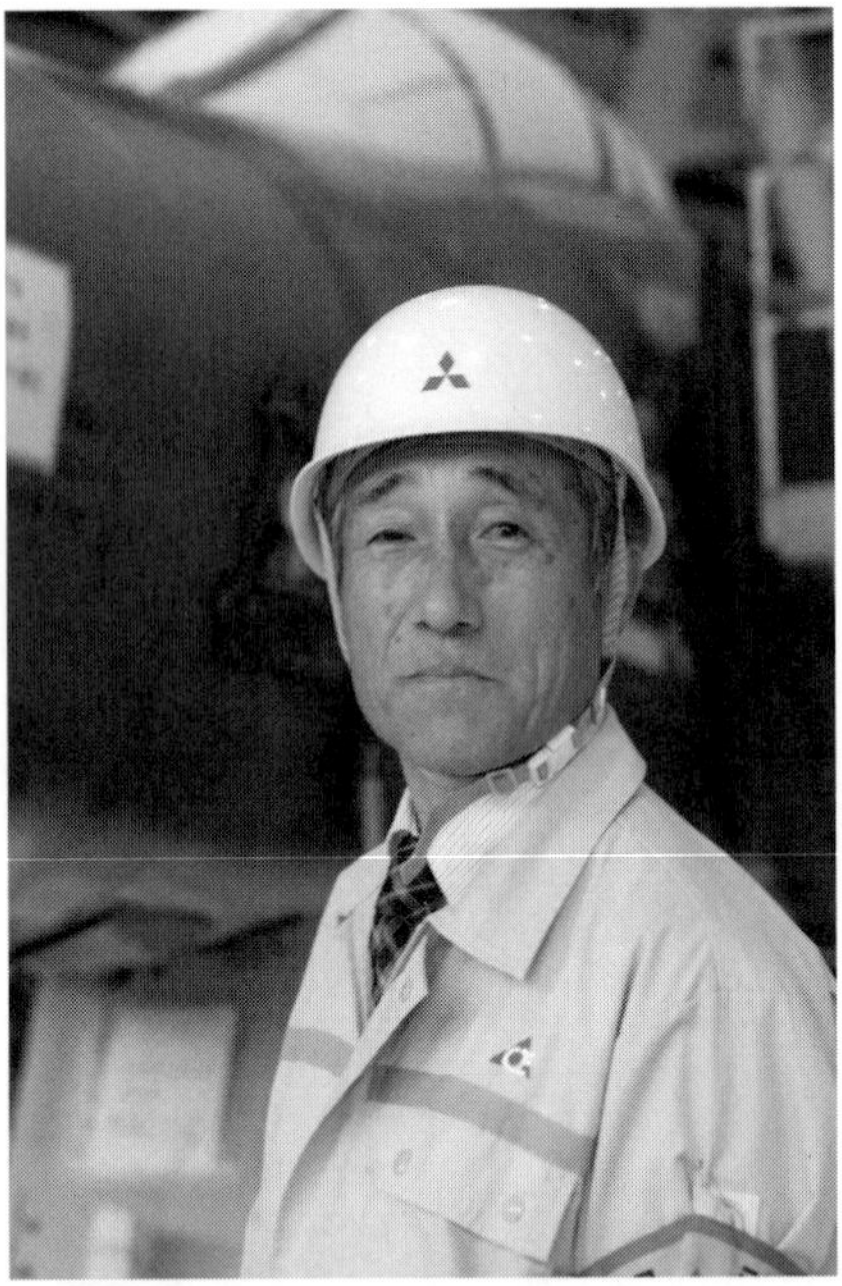

中菱エンジニアリング航空宇宙事業部防衛航空機サポート室 尾関健一氏。F-4EJ改の開発を担当した“改”の生みの親。

ものとなった。

「ノーズパッケージには、レーダーと新しく追加されたCC（セントラルコンピュータ）が搭載されています」

かつてF-4EJではパイロットに委ねられていた航空機の機動とコントロールも、改修の結果、コンピュータが指示するようになった。

「すべてCCが計算して、ヘッドアップディスプレイに『こちらに行け』『いまミサイルを発射しろ』と表示します」

ようやく前席に乗ることになったパイロットにとって、CCの搭載で頭脳は複座から単座機になってしまったのだ。

「パイロットの感覚、経験、技量に頼っていたのが、すべてコンピュータがやるようになりました」

そのぶん戦闘機としては強くなったのだが、アナログで育った旧世代のパイロットには、職人芸を求められたF-4が近代化されることへの抵抗感があったのも事実である。

再び対地攻撃能力が付与されたF‐4EJ改には、A‐10サンダーボルトに搭載されていたリットン社の慣性航法装置LN39が搭載された。

その理由を尾関氏に尋ねた。

「スペースの問題でサイズが決め手でした」

パイロットから見て、最大の変更点は正面にあるHUD（ヘッドアップディスプレイ）だ。

「HUDは航法情報、火器管制情報などすべてを表示するので、パイロットは正面から目を離さずによくなったのです」

従来は、それらの情報を前席のパイロットに知らせるのが後席の役目の一つだった。後席は仕事がなくなってしまったのではないだろうか。

「いいえ、レーダー制御とナビゲーションの役目があります、INS（慣性航法装置）とレーダーのコントロールパネルは付いてますから」

「改で搭載したCCはデジタルコンピュータで、主要な機器とはデータパスでつながっています。これは双方向通信なので、配線の数がぐっと減ります。従来はすべての信号が1本1本の電線でつながっていましたが、改修後は、1本の電線で複数の信号を送受信する多重データパスになったので、スペースと重量はかなり減ります。これはスペース確保に大きく貢献しました」

改修の成功の鍵はデジタル化だったのだ。問題は当初それに馴染めないパイロットがいたことだった。しかし、筆者は改修作業の実際を聞いていて、一つ大きな疑問を持った。改修によってF－4を複座から単座戦闘機にできたのではないだろうか。

「F－4EJ改はあくまでもEJの思想を受け継いでいますから、レーダーや航法の操作は後席の仕事です。前後席の役割分担はEJのままです」

しかし、搭載されたレーダーはF－16、A－10、つまり単座戦闘機と攻撃機用の装備だ。そう考えると、やはりF－4EJ改を単座化しなかったのは少し不自然だ。

「この装備なら単座も可能です。基本的には前席だけでドッグファイトはできます」

杉山良行前空幕長の言葉を思い出した。

「四つの目に八本の手足に頭脳が二つ」

複座機は単座機に勝る力を発揮できる。実際に飛行教導隊の複座のF－15DJは、単座のF－15Jに圧倒的な強さを見せている。

F－4EJ改が部隊配備されてからも尾関氏の仕事は続いた。

「私は設計作業終わったあと、アフターサービスのためにF－4飛行隊にしょっちゅう行きました。最初にF－4EJ改が配備された小松の第306飛行隊ではいろいろ不具合が出て、当時の飛行隊長から厳しい要望、指導があり、苦労しましたが、エンドユーザーである部隊の役に立つ仕事ができたのは大変よい思い出です」

岡田飛行群司令が、最初に改への転換訓練を受けた飛行隊だ。現在の丸茂吉成空幕長が最初に配属されたのも第３０６飛行隊である。

ところでＦ‐４ＥＪ改は、どの世代の戦闘機に相当するのだろうか。

「第4世代に近いと思います。能力はＦ‐15と同等だと、私は思っています」

Ｆ‐４ＥＪ改の経験は、現在進行中のＦ‐15改修プロジェクトにも活きているのだろうか。

「私はＦ‐15の改修、近代化にも関わっていました。Ｆ‐４ＥＪ改の試作当時は新入社員で何もわからなかったのですが、Ｆ‐15近代化では教える立場になり、Ｆ‐４ＥＪ改での経験がたいへん役に立っています」

航空技術者の知識と経験の継承が世代を超えて実践されている。筆者はうれしくなった。これこそ日本を守る礎《いしずえ》だ。Ｆ‐４ＥＪ改の誕生は、わが国の航空技術のポテンシャルの高さを示すものだろう。

Ｆ‐４ＥＪ改、最後のアイラン

空自が運用する各種航空機が全国の基地から名古屋に飛来し、アイランのために小牧南工場に持ち込まれる。その現場を見せていただいた。アイラン（IRAN:Inspection and Repair As Necessary）とは定期点検あるいは定期整備のことである。

三菱重工小牧工場からIRANの試験飛行に向かうピカピカの353号機。前後席ともテストパイロットが搭乗していることがヘルメットの色からもわかる。

格納庫を三階建てにしたような大型の施設が、アイランや新規製造機体を作る工場群だった。ここでの撮影は禁止。最高度の防衛機密に属するF・35Aは、どこでどのように作られているか、まったくわからない。

現に筆者が取材したこの日の午後、F・35Aの2号機が名古屋から三沢基地に飛び立ったことをのちに報道で知った。当日、工場の関係者からこの件に関していっさい言及はなかった。

その大型工場の一つに入ると、そこがF・4のアイラン工程の工場だった。キャットウォークのような場所から見学する。

内部は中央に通路のようなスペースがあり、壁に沿って4列に戦闘機が並んでいた。奥側の2列がF・15、手前の2列がF・4。その格納庫の出口扉に向かって並ぶ列の最後尾が岐阜基地の飛行開発実験団所属の357号機だ。

尾関氏は、357号機を指差し、「あれは、431号機に続いて改修した2番目の息子です」と、わが子のように説明する。

357号機は近いうちにここを旅立つ。その日こそF‐4のアイランはすべて終了する。尾関氏は357号機に独立する息子を見送るような視線を送っていた。

一人の航空エンジニアの大きな仕事が終わろうとしている。

ネットなどの情報によると、F‐4の場合、3年に1回、アイランを行なっている。

ここからは、筆者が想像するアイランのプロセスである。

飛来したF‐4は、まず分解のためのラインに入る。主翼から燃料増槽、パイロンなどを外す。次に胴体内部からエンジン2基を取り外す。エンジンは特殊なコンテナに入れられてIHI瑞穂工場に送られる。機体はパーツレベルに分解される。燃料系、油圧系、電気系に区分して分解され、検査工程に送られる。

レーダー、CC、武器コントロール系などの電子機器は取り外されると、各メーカーに送られる。さらにエンジンにつながる燃料系のパイプ、タンクが外される。油圧系のタンク、パイプも外される。次に着陸装置のギア（脚やタイヤ）が外される。

そして「ドンガラ」と呼ばれる機体構造のみの胴体と内翼、外翼、操縦翼に分解されて検査を開始する。筆者が目にしたものは、アイランの最終工程の一つ、修理が完了した機体に、エンジン以外の検査済み、新品、あるいは修理された各パーツが再び機体に取り付けられるところだった。格納庫の扉の前にある機体は、各種テストを繰り返し、この後、塗装を施し、エンジンを取り付ける工場に移動する。

このアイランのプロジェクトマネージャーが、真田雅央氏（51歳）である。

塩害による腐食に要注意

F‐4の機体のようながっしりとした体躯の真田氏は、入社以来、製造部門でF‐4、そして宇宙関連の業務に携わってきた。最初に配属されたのが機体修理課。F‐4のアイランを担当している部署だった。

「1988年の入社当時、ちょうどF‐4改の量産が始まりました。私は航空技術系の学校を出ていないので、F‐4で飛行機の勉強をしました。TO（テクニカルオーダー）という取扱説明書が教科書でした。F‐4のシステム、とくに油圧操縦システムはこれを読めば結構わかります。今のF‐2は電気仕掛けだから、見たってわからないですよ。そういう意味ではアナログなF‐4で助かりました」

F‐4は、真田氏にとって航空工学の素晴しい教材だったのである。

「私は最初、機能試験を担当していました。ですから、見ていけば直感的にこういう仕組みなんだというのがわかりました」

こうして真田氏とF‐4の師弟関係が始まった。

「その後、生産技術課に行きましてRF‐4Eのレーダーの換装などを担当しました。仕事を覚えていく過程でつねにF‐4と関わりました。そしていまF‐4最後の機体を預かり、アイランをしている。最後の最後までF‐4から学ばせてもらっています」

すでに製造後40年が経過した機体がある。F‐4のどのあたりにいちばん老朽化の兆候が現れてくるのか真田氏に尋ねた。

三菱重工防衛宇宙セグメント航空機製造部 真田雅央主席技師。この手にF-4最後のIRANを任されている。

「翼端と翼の付け根ですね。とくにF‐4はもともと艦載機として設計されているので、翼の先端が折り畳むように作られています。そこに現れますね」

老人が膝や腰に不調が出てくるのと同じだ。ファイバースコープや非破壊検査用の特殊機器を使って、機体各部をくまなく見ていくのだろうか。

「基本、目視です。何か見つかると、その周辺もばらして点検します」

第302飛行隊が沖縄にいた頃、新米パイロットが機首のレーダーレドームを舐めたら塩辛かったという話を聞いた。

「われわれは舐めませんよ。目視です」

目視で何が発見できるのだろうか。

「塩害による腐食に要注意ですね。一世代前の古い素材を用いているからです」

百里基地では格納庫内のF-4に触れさせてもらった。冷たかった。それは金属の冷たさだ。F-2のような複合材は、F-4が設計製造された時代にはなかった。沖縄の那覇基地などをベースにする航空機は海上を低空で飛ぶことも多く、塩害にさらされる。

IRANの工場に並ぶF-4とRF-4で唯一撮影が許可された909号機。半世紀経った機体でもパネルが開いた整備中は保全対象だ。

「海没した機体を引き揚げたような感じで、腐食したアルミが白い粉状になっておおわれています」（真田氏）

アイランを見学した工場には、そのサンプルが展示してあった。海の底から引き揚げられた旧海軍機の部品かと思ったが、それはF‐4の腐食した部品だった。ひび割れが深い部分まで入っていたり、表面から腐食部分が膜のように剥離しているのもあった。目視ではっきり確認できるほどの腐食だった。

「列線で駐機中の航空機はキャノピーを開けています。あれで雨水が機体の中に入ってしまうんですよ。沖縄などでは、ただの水ではなくて塩分を含んだ水なんです」（真田氏）

百里基地でも雪が降るなか、列線に並んだＦ‐４はダブルキャノピーを開けて駐機していた。降雨時でもキャノピーを閉めてくれないことがあるのは、エンジニアの密かな悩みらしい。

「那覇基地には地面から水を噴射して機体の塩分を落とす洗浄装置もありますが、それを使ってもダメです。空気中に塩分が含まれている感じです。松島基地も海岸近くにありますが、やはり沖縄は違います。担当者が三か月間ほど出張して腐食箇所を修理したこともあります」

では、腐食による損傷はどのように直すのだろうか。

「床をはがして徹底的に点検して、腐食箇所を補強したり、場合によっては必要な修理部品を作ったうえで部材を換えます。骨材部分が腐食している場合、大きなところは接ぎ木をするようなかたちで直します。腐食した骨材をすべて交換するのは大変で、悪い所だけ切り取って、そこに部材を入れて補強するんです」

アイランは次の段階に進む。ここからも筆者の想像である。機体の胴体、翼の外板のパネルがすべて外され、そのパネルの表裏、断面まで目視に加え、Ｘ線などの機器で、腐食、飛行中の機体にかかる力や振動などで発生するひび割れ、剥離がないかを精密に調べる。

同様に機体の胴体、主翼、尾翼、水平尾翼の主要な桁《けた》も調べる。不具合のある箇所は交換部品が作られて修理される。規定の使用時間に達した部品は、すべて新品に取り換えられる。

Ｆ‐４の胴体背中部分には、油圧を送るタンクとパイプが取り付けられる。次に電気系だ。機首にレーダーとCCが組み込まれて、配線がコクピットに接続される。コクピットには各種計器、コンソールが組み込まれる。通電を確認して電子機器の作動に異常がないか確認される。ようやく主要な組み立てが終わると、機体をジャッキで持ち上げ、主脚と前脚の着陸装置の動作確認を行なう。最後に機体に新しい塗装が施される。

こうしてF-4は新品同様の戦闘機として蘇っていく。

F-4が長く飛び続ける理由

航空機は飛行中に生ずる振動で、機体構造にひび割れや剝れ、破断が生じる。それを発見、予防するのが、機体構造の専門家であるエンジニアの広瀬充男氏（48歳）だ。

地元の名門、名古屋大学を卒業後、三菱重工に入社。名古屋空港の近くで育った広瀬氏は小学生の時、上空を飛ぶ空自戦闘機をいつも見ていて、戦闘機に関わる仕事をしようと決めていた。

「大学では振動工学を専攻していました。航空機については入社してから図面の見方を初めに学びました」

振動工学とは金属材料に対し振動がどのような影響を及ぼすかを解明する学問だ。F-4が飛び続けられるのは、この分野によるメンテナンスに負うところが大きい。

「図面の見方の次は、不具合原因の探求の方法を学びました。どこかに亀裂が発見されると、どう

三菱重工防衛宇宙セグメント航空機技術部 広瀬充男主席技師。構造を熟知し、未知の不具合を探求してきた。

してこれが生じたのかを追究して対策をとります」

飛行安全の基本は機体構造だ。広瀬氏らが担当するのは機体を万全な状態で維持することだ。

「私は修理を主に担当してきたので、1985年夏の日航ジャンボ機御巣鷹山墜落事故を教訓として自分の業務にあたっています。あの事故は修理ミスが原因につながったので、絶対に自身のミスでＦ‐４を墜落させるようなことがあってはならないと心がけています」

三菱重工ではＦ‐４に今後発生しそうな機体構造上の老朽化対策を講じている。

「明確に寿命が定められていない箇所への対策です。これはこのまま飛び続けると、発生するであろう金属疲労部分をあらかじめ補強あるいは点検をしておくのです」（広瀬氏）

将来を見据えた金属疲労対策でＦ‐４は延命されていた。

「米国メーカーから将来の運用時間に応じた金属疲労対策のためのキットが提示されました。それらの中から、どのパーツケージを適用するのか選択して機体を改修しているため、航空自衛隊のＦ‐

４は長期の運用を可能にしています」（広瀬氏）
Ｆ‐４は米国のマクドネル・ダグラス（現ボーイング）社で設計・製造された。そのため米国からの情報が今も頼りになる。
「ライセンス契約をしていますから、質問などにまだ答えていただけます。だから、どうしてもわからない場合はそこに聞きます。しかし、契約を結んでいるからといって、すべての情報、設計の詳細までは教えてはくれませんけどね。われわれはこう考えるんだけど、どうでしょうか?というやり方です。事前に回答を用意したうえで確認しています。質問された米国の担当者は昔Ｆ‐４に携わっていた人たちに聞きに行っているようです」（広瀬氏）
Ｆ‐４ファントムを設計した60年前の設計現場を知っているベテラン技術者が今も存命なのだろうか。
「それはわかりませんが、どちらかというと、私たちが考えた対策に米国のお墨付きをもらうというかたちです」（広瀬氏）
Ｆ‐４が長く飛び続けている背景には、このような三菱重工の努力と技術力がある。

ＩＨＩ瑞穂工場―エンジン整備のプロ集団

Ｆ‐４から外されたＪ79エンジンは、定期整備（オーバーホール）のため、エンジンを製造したＩＨＩに送られる。筆者はＩＨＩ瑞穂工場を取材した。

前著『Ｆ‐２Ｂ蘇る翼』の取材時にもお世話になった瑞穂工場のトップ、上東淳《うえひがしあつし》工場長（53歳）が今回も出迎えてくれた。

聞けば上東工場長は、１９９１年からＪ79エンジンの設計プロジェクトを担当し、その後Ｊ79油圧式制御機器の設計担当を経て、Ｆ‐２のエンジンであるＦ１１０の担当も兼務するようになったとのこと。だから今回も取材に応じていただくことになったのだ。そしてもう一人、池崎隆司《いけざきたかし》氏（48歳）も「お久しぶりです」と笑顔で挨拶を交わしながらの再会だった。Ｆ‐２Ｂでは修復したＦ１１０エンジンの組み立てと試運転を担当した。

「今回はオーバーホールでのＪ79エンジンの分解、検査、修理と組立てについてお話ししますよ」（池崎氏）

そして、Ｊ79エンジンをよく知る二人のエンジニアを紹介された。郡山剛《こおりやまつよし》氏（33歳）は、上東工場長がプロジェクト担当課長の時代にＪ79エンジンの整備技術の担当者になった。もう一人の大口博《おおぐちひろし》氏（63歳）は、Ｊ79エンジンの組み立てを担当し、この道45年のベテランで、のべ１３１３台のＪ79エンジンオーバーホールのすべてに関わったという。

池崎氏が1枚の写真を取り出して見せてくれた。それはＧＥ（ジェネラル・エレクトニック）社で開催されたＪ79エンジンの国際会議の出席者らの写真だった。その写真を見てＦ-４の最大の謎が解けた。Ｆ-４のことなら何でも知っているベテラン技術者は実在するのだ。

「Ｊ79エンジンを知りつくしている、このような80歳を超えるエンジニアの方々がまだ現役でいてくれて、われわれが質問すると『これは、こういうことだ』と明確に答えてくれます」（池崎氏）

まさにＦ-４のエンジンの生き字引きである。

IHI瑞穂工場 上東淳工場長。かつて日本版J79エンジンの設計や油圧制御を担当し、その熱意を若者に伝えてきた。

「ある故障について、われわれはこのように検討して、こう解決しようとしている、と言うと『それはこうしたほうがいいんだよ』とアドバイスしてくれます」（池崎氏）

筆者はＦ-４のエンジンに関して、二つの噂話を聞いていた。

一つは、ベトナム戦争中、米軍のＦ-４のエンジンから出る特有の黒煙を見て、北ベトナム軍はこれを目標に対空射撃を浴びせて撃墜したという。その黒煙を解消したのがＩＨＩだったという話である。

もう一つは米国製に比べて、日本のF‐4EJ改のIHI製のエンジンはパワーを抑えているという話だ。

「黒煙を解消したのは事実です。しかし、IHIが独自に行なった改修かというと違います。GE社の設計変更によるものです。ロースモークコンパスターの採用で、燃焼器そのものの燃焼効率が改善しました。燃料と空気が効率よく燃えて黒煙が出ない。J79エンジンの燃焼器自体の設計はIHIでは行なっていません」（上東工場長）

ではIHIによるJ79エンジンの改善はどのようなものがあるのだろうか。

「われわれが独自に改善したものの一つにエンジンが搭載後、振動、オイル漏れが起こらないようにいろいろと工夫したことがあります。エンジンを組み立てたら、性能を確認する出荷運転があります。そこで改善したのがオイル漏れの防止です。これは日本独自の改善です」（上東工場長）

どのあたりのオイル漏れに対処したのだろうか。

「オイル漏れ、リークと呼びますが、J79エンジンは前からフロントフレーム、リアフレーム、タービンフレームがあります。そのいちばん後ろのタービンフレームからのリークを防止しました。エンジンではベアリングが入っている箇所にオイルを供給しますが、そこにはサンプ室と呼ぶオイルが漏れないようにする空間があります。その周りをカーボンシールで密閉していますが、その隙間から、まれにオイルが漏れ出ます。そこでスリンガーと呼ぶ、刀の鍔のようなパーツを取り付けまし

た。これでオイル漏れは完全に止まりました」（大口氏）
さらに、タービンの振動の改善も行なったという。
「エンジンには、タービンローターとコンプレッサーが付いています。そのコンプレッサーを回すタービンが発生源になって振動を誘発します。これをかなり苦労しながらも回転する部分のバランスを調整するなどの対策をしたところ、振動が解消されました」（郡山氏）
さらに改善は続く。
「エンジンのマニュアルはGE社と米空軍から提供されます。そのとおりにやれば、問題はないはずですが、製造や整備には職人技的なノウハウが結構多いものです。米国と同じ基準で製造、整備を実施していますが、出荷後すぐにトラブルが発生しないように、品質上重要な個所については、われわれなりの統計的な手法でより厳しい基準を設定しました。これをQCリミット、クオリティ・コントロール・リミットといいます」（上東工場長）
野球にたとえるなら、米国の広いストライクゾーンを日本

社内で使用されるJ79-IHI-17のマニュアル本のひとつ。かなり年季が入っている。

の狭いストライクゾーンに変更して安全性を高めているのだ。
「日本で独自に品質向上を追求しています。図面の設計権を持っているのはGE社ですが、われわれIHIとしても、このように改善できることがあるのです」（上東工場長）
二つ目の、エンジンのパワーを抑えたという件は本当だろうか。
「それはありません。われわれは原則として米空軍と同じ図面、同じマニュアルを使って製造・整備をしていますから性能に差はありません」（上東工場長）

独特な爆音はどこから生まれるのか？

F‐4に搭載しているJ79エンジンは1950年代に開発され、B‐58爆撃機にも搭載されていた。F‐4はその大型エンジンを2基搭載している。
「GEの資料によれば、J79エンジンの型番はJ79‐1から始まり、2、3、5、7、8、11、15と発展し、F‐4EJに搭載されているのが17です」（池崎氏）
半世紀以上にわたり、改良・進化してきた軍用ターボジェットエンジンの秀作である。
「私はJ79エンジンについて、17の時代しか知りません」（上東工場長）
「私は11Aの時代を知っていますよ」（大口氏）
J79エンジンの組み立ての匠、大口氏だ。

「J79‐11Aエンジンは、F‐104に搭載されていました。それがJ79‐17エンジンになると、F‐4ファントムに変わりました。私が入社した時は、11Aのエンジンのオーバーホールをやっていました。11Aは、17と大きさは同じで形も似ていますが、古いタイプのエンジンで作業的には大変でした。とくにエンジン外側のチューブ類の取り付けが面倒でした。整備にはコツが要る古いエンジンで、やりづらかったですね。17は11Aのよいところを残して改良されています。自動車ならば最新型とクラッシクックカーほどの違いがありました」（大口氏）

「われわれが航空自衛隊に納入しているエンジンの銘板には『J79‐IHI‐17A』と記されています。その中身は手を加え、よりよいものになっています」（上東工場長）

J79エンジンはIHIがマイナーチェンジを加え進化し続けている。そのJ79エンジンは、空自で最後のターボジェットエンジンだ。これ以外は今やすべてターボファンエンジンになっている。

「エンジンの入り口から取り入れた空気はそのまま燃焼器を通ってエンジンの出口まで送られるというのが、ターボジェットエンジンのイメージです。ターボファンエンジンは燃焼器の外側に送る空気も取り込んで、燃焼器に流れる空気とともにエンジン出口から排出します。これらのエンジンではより多くの空気を後ろに吐き出すほど推力が得られます。つまり、ターボファンエンジンは空気流量を増やして推力を上げるのです」（上東工場長）

その独特な爆音はどこからくるのだろうか。

IHI防衛システム事業部整備補給計画部整備技術グループ 池崎隆司主幹。1台ずつ個体差のあるJ79エンジンの違いすべて把握する。

「ターボファンエンジンは燃焼排気されるジェット噴流に対して、その外側に一つ空気のバイパスの層があります。それでかなり音が吸収されます。それに対してF‐4のターボジェットエンジンには、その層がないので非常にうるさいんです」（池崎氏）

「F‐4のエンジン音がバリバリと独特なのは、この仕組みの違いによるものです」（上東工場長）

F‐4のJ79エンジンのバリバリと轟く爆音の秘密はエンジンそのものにあった。それは聞いた者の心を揺さぶる。その理由を上東工場長が話してくれた。

「J79エンジンが人間的だと感じるところはその制御装置にあります。ここはエンジンの頭脳であり心臓にあたる部分です。スプリングやバルブがあり、3Dカムという部品と合わせて燃料流量を制御します。その制御はすべて機械物理的な力で行ないます。今のエンジンではコンピュータがやることを燃圧と油圧でバルブなどを動かして制御しているんです。

電子式の制御は油圧式の制御よりも応答性が高いので、パイロットの操作に瞬時に追従してくれるメリットがあります。しかし、油圧式制御であるJ79エンジンを長年取り扱っているわれわれからすると、何かトラブルがあった時、油圧式だとここが動かないから、原因はここだとわかりやすいんです。だから、電子制御エンジンであるF110エンジンよりも、J79エンジンのほうがよくわかるんです。たとえば『推力がちょっと出にくい』といった場合ならば、『この機器の調子が悪いんじゃないか?』となります。J79エンジンは人間的な付き合いができるというのが、長年関わってきた私の感想です」（上東工場長）

血液が流れている人間と同じように、金属の心臓と頭脳によってJ79エンジンは動いている。だからパイロットがすさまじい機動をすると、F-4から「もう、無理!」とメッセージがくるのだ。

「そこが人間的だと思う所以です。もちろん、この機械式制御装置はIHIが設計したものではありません。しかし、私たちがオーバーホールし、部品もわれわれの工場で作っています。ちょっとの不調やどのあたりの動きが悪いかが目に見える。だから、ただの機械とは思えないところがあるんですね」（上東工場長）

J79エンジンからの最後の贈り物

三菱重工小牧南工場で取り外されたJ79エンジンは、専用のコンテナに入れられて、IHI瑞穂工場に運び込まれる。

「J79エンジンの場合は、エンジン全体を整備するので丸ごとで戻って来ます」（池崎氏）

F-2BのF110エンジンは部隊でいくつかに分解されて、別々の時期に工場に送られてくる。

「すべての部品を一つずつ整備するので、作業量が多くて大変ですね。エンジンをバラバラに分解して小さな部品単体にします。それを検査して、そのまま使える、使えない、修理して使うものに分けます。検査は、まず特殊検査でクラック（亀裂）があるかどうか確認します」（池崎氏）

「次にフレームや配管など気密性が要求される部品の耐圧検査をします。このような部品に不具合があると、大きなトラブルになります。さらに重要な部品は寸法計測を実施します」（郡山氏）

エンジン部品は摩耗するので、定期的に交換する必要がある。自動車のタイヤ交換の目安は、タイヤの溝の深さの数値で決まる。

「基準に適合するか否かで判断するという意味では理屈は同じです。ただ一義的には基準が定められているから寸法計測を行ないますが、それ以外にもメリットがあります。それは、あとの工程で何かトラブルがあった時、その原因を辿っていくことができるからです。ある程度まで自分たちの手で問題を発見して解決できるのです」（郡山氏）

「われわれが整備で手をあてているところは、小さなパーツまで検査しているので、この寸法だったら振動が大きくなる、この寸法なら振動が解消するとわかります」（池崎氏）

すべてを知っていれば、個々に問題が発生した時にすぐに対応できるというわけだ。

「エンジンに何らかの不調がある時に、われわれは技術的に何が問題なのか、どうしたらいいのかをパーツごとに検査しているから判断ができます。もちろんエンジンごとの個体差はいくらかあります」（池崎氏）

人間のように1台ずつ個性があるのがJ79エンジンなのだ。数多くのパーツは一つずつ検査され、合格、交換、修理と分けられる。そして、これらは再び工場の組み立てラインに集結する。組み立ての開始だ。

組み立ての匠、大口氏に話を聞いてみよう。

「エンジンは基本的にいちばん前から組み立てますが、事前にコンプレッサーローター、タービンローターを組んでおきます。そこからエンジンの最前部のフロントフレームから組み立てます。次にフレームにコンプレッサーローターを付けて、周りにケーシングを付けます。そして燃焼器、タービンローターを付けて、最後部のアフターバーナーを付けて完成です」

ここでＩＨＩによるもう一つの工夫がある。組み立て工程ではエンジンを縦方向に置いて組み立てる。工程が進むに従って床を下げて、順々に組み立てていく。最後に組み上がったエンジンを横にし

IHI瑞穂工場製造グループ組立運転1グループ 大口博氏。J79エンジン1313台をオーバーホールした“ミスターJ79”。

て回りにチューブ、最後にアフターバーナー付けてエンジンは完成する。

「部隊には、ピット（エンジンを縦方向に置く作業設備）はないので、すべて横置きでやります。工場では最後のタービンを付けるまで、この床が徐々に下がっていく設備を用いて作業します」（大口氏）

この縦置き式の組み立てはＩＨＩが考案した。１９６１年の旧田無工場での、Ｆ-１０４Ｊ用Ｊ79-11Ａエンジン組み立てのために、このピットは作られた。

「このピットを米国の技術者たちが見て感心したそうです。地盤が固いので、この方式ができたんですね」（上東工場長）

「そのあとＧＥ社も、同じピットを作ったんですよ」（池崎氏）

組み立てられたエンジンは試験運転工程に移る。その試験運転で活躍するのが郡山氏だ。

「試験運転はだいたい1時間くらいかけて行ないます。その間にやらなければいけないメニューがいろいろと課せられています。たとえばある特定のスロットル操作をして正常に機能するかどうか。

次にフルで回して性能に異常のないことが確認されたら、そのエンジンは合格と認定します」（郡山氏）

エンジンに高推力を発揮させるアフターバーナーの試験時は、その猛烈に噴き出す炎を見て興奮することもあるのだろうか。

「初めて見た時は感動しましたが、いまでは慣れっこになって冷静にやっています。試験運転中の管理者は微妙な音を聞き分けたり、パラメータなどを見ないといけないので、冷静にやらざるを得ません。アフターバーナーを使う時に何か起こったら大事になります。だから、すぐに対応できるように注意を払いながら運転試験は行ないます」（上東工場長）

ＩＨＩは冷静なエンジンのプロ集団なのだ。郡山氏はＪ79エンジンの最後の試験時、Ｊ79エンジンの大先輩である上東工場長をその現場に招いた。

「郡山君から『最後のエンジン、これからアフターバーナー運転に入ります』と知らせがあり試運転場に行きました。郡山君と一緒にアフターバーナーがバッと炎を噴き出すのを見て、『Ｊ79エンジンの試験運転を見守るのも最後なんだな』と、やはり一抹の寂しさがありました」（上東工場長）

クールな語り口のエンジニア、郡山氏もその時の気持ちを熱く語ってくれた。

「あの時は感慨深いものがありました。上東さんは工場長ですが、Ｊ79エンジン担当の先輩ですから、最後の試運転は一緒に見届けてもらいたかったのです」（郡山氏）

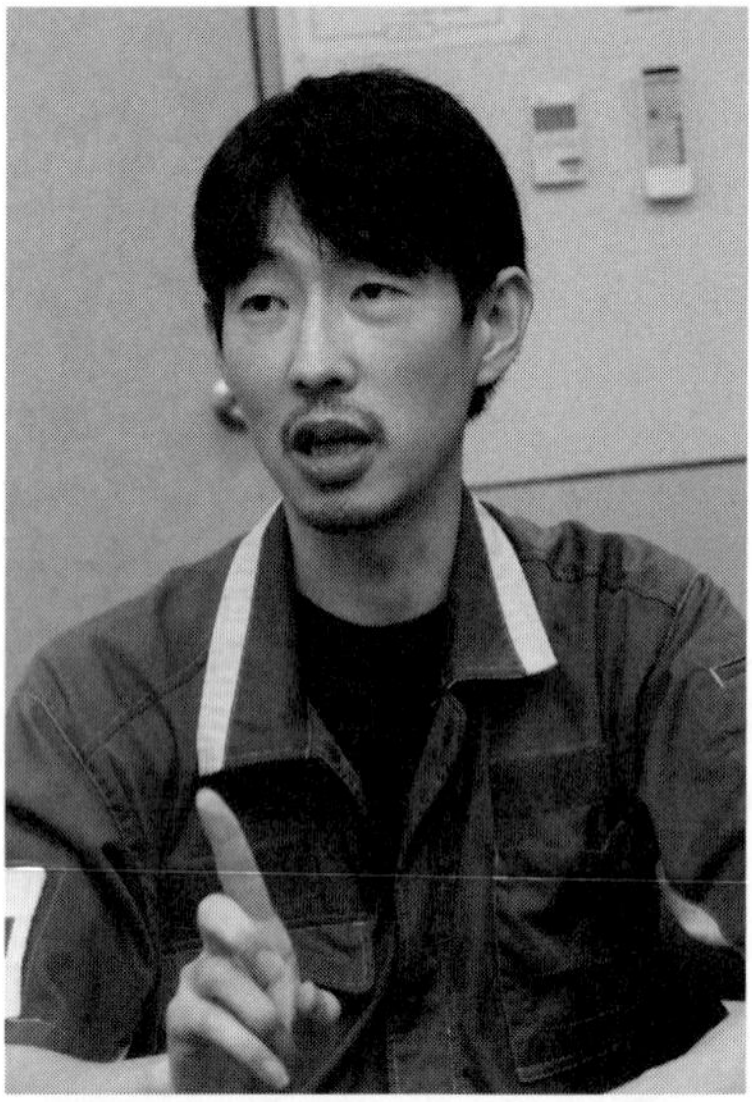

IHI瑞穂工場生産技術部 郡山剛氏。彼の手により最後のJ79のアフターバーナー試験を終了。しかし心はまだ燃焼中。

上東工場長は、懐かしそうな表情を浮かべた。

「いろいろと一緒に苦労しましたもんね」（上東工場長）

と郡山さんに声をかけた。

筆者は、この技術者の先輩後輩の関係は美しいと思った。

「私は7年前にJ79エンジンの担当になりました。その前にやっていた民間機用のエンジン整備と比べると、ひと味違う難しさがありました。最後となるJ79エンジンを見ながら、それまでの苦労や喜びが蘇ってきました」（郡山氏）

「アフターバーナーに点火すると噴き出す炎を囲むように、円状のきれいなダイヤモンドコーンが見えたんです。こんなにきれいに見えるものかと、強く印象に残りました」（上東工場長）

筆者はそれをF-4ファントムからの最後の贈り物だと思う。「ありがとう」という気持ちをダイヤモンドコーンが表したのだ。やはりJ79エンジンは生きている。

こうして試験を終えて、2018年1月、最後のJ79エンジンはIHIから出荷された。

「工場内で、最終出荷のセレモニーをやりました」（池崎氏）
組み立て担当の大口さんも感慨は深い。
「入社して以来45年間、J79のエンジン、11Aから17まで手がけましたから。寂しさはありましたね。J79エンジンは私の青春なんですかね。ずいぶん長い青春でしたけど。最後のエンジンを含めてオーバーホールをした数は1313台。たぶん全部やっています」（大口氏）
上東工場長に聞いた。F-4のJ79エンジンとF-2BのF110エンジンのどちらが好きですか？
「二択ならば、やっぱりJ79エンジンと答えますかね。調子悪いと告げられれば、たぶんここかあそこかと、わかりやすかったですね。そういう意味でJ79エンジンにはほかのエンジンにはない愛着があるのです」（上東工場長）
うれしそうに答えた上東工場長の父親のような笑顔が忘れられない。
皆、F-4が好きなのだ。

引退後も面倒を見続けたい

三菱重工小牧南工場でアイランの工程を終えた357号機は、IHIから送られてきたJ79エンジンを搭載する工程の工場に移される。そこで2基のエンジンを搭載し、油圧系統にオイルが注入され

IRAN工場に並ぶF-4の最後尾にいた357号機が日本のF-4最後のIRAN機となる。“改”の2号機となる357は飛行開発実験団で長期にわたり試験を担当し、航空祭でもよく披露された。

て、補助翼の動きを地上でテストする。さらに機体内のタンクにジェット燃料が搭載される。機体を地上に固定したエンジンテストが可能な施設で、エンジンをフルアフターバーナーまで運転してシステムに不具合がないかテストする。

さらに地上滑走テストを行ない、離陸して飛行場周辺で各種飛行テストが行なう。こうしてようやくアイランは終了する。部隊からパイロットがＦ－４を受領に来る。

名古屋空港を離陸したＦ－４は、岐阜基地の飛行開発実験団、または百里基地の第３０１、第３０２飛行隊、偵察航空隊第５０１飛行隊に向かう。

岐阜基地に向かう３５７号機が、アイランを終えた最後の機体となり、同時にＦ－４の

1971年７月、セントルイス工場から三菱重工小牧工場へ到着したばかりの302号機。小牧工場のＦ-４は約半世紀の歴史を終わろうとしている。（航空情報）

アイラン工程も閉鎖される。

小牧南工場の尾関氏が思い入れのある機体はあるのだろうか。

「Ｆ‐４ＥＪ改の試改修機、４３１号機がいちばん愛着があります。入社した１９８１年から設計が始まって、システム設計、細部設計をしました。それで83年から４３１号機のアイランと改修が始まり、その後、試改修機の試験にずっと立ち会いました。84年に岐阜の航空実験団（現在の飛行開発実験団）に納入し、それから85年１月から８月まで部隊に駐在して技術・実用試験に携わりました」

４３１号機は尾関氏にとってどんな存在なのだろうか。

「息子のようなものです。２０１８年３月に最後のアイランを終えて、いま岐阜におります」

尾関氏のその語り口と目は、愛する息子を語る父のようだった。

「やはり生みの親として、本当に可愛いんですよ。あれは新しい武器の試験や、ミサイルなどの開発にも使う試験機なんです。試験機なので部隊機のように酷使されない。また431号機は131番目の製造ですから、F-4の中では新しい機体です」

431号機は、その役目を終え、用廃（用途廃止）後、展示保存されるかもしれない。もしそうなったら、今度はこの手入れを担当して、毎日磨くのだろうか。

「現役時代は地上試験において、よくコクピットに入っていましたから、私の手垢がついている機体です。できることなら引退後も面倒をみてやりたいですね」

何年かあとにどこかの公園に431号機が展示保存されていて、機体を磨いている人がいれば、それは尾関氏かもしれない。

12 劇画『ファントム無頼』に込めた思い

命がけでやっている者たちがいる

F‐4を懐古するうえで、どうしても外せないのが、今から40年近く前、若者たちの熱い支持を集めた劇画『ファントム無頼』だ。取材でインタビューした杉山良行前空幕長、杉山政樹元将補、柏瀬静雄司令をはじめ多くの方々も、この劇画を読んでファントムライダーを目指した。

そこで、この劇画の原作者の史村翔《ふみむらしょう》先生、作画の新谷《しんたに》かおる先生にもお話をうかがうことにした。

まず、新谷かおる先生に『ファントム無頼』の出発点から聞いた。

「いちばん最初は小学館の少年サンデー編集部からの電話でした。『史村翔という作家の原作で戦闘機とそのパイロットが主人公の劇画を描かないか』と。そして、タイトルは『ファントム無頼』。

それを聞いて、実はすごくダサいと思ったんですよ。でもそういう感覚は少年誌にはよくあるんです。『赤き血のイレブン』とか。少年サンデーって『男組』みたいに、わりと古臭いタイトルをつけるんですよ。『ファントム無頼』のタイトルを聞いた時、頭の中でマカロニウエスタンの音楽が流れましたからね」

当時、空自の最新鋭はF‐15イーグルで、F‐4ファントムはすでに旧式化しつつあった。

漫画家 新谷かおる氏。『ファントム無頼』だけでなく、日本人青年が中東の空で戦う『エリア88』も絶大な人気を誇る。

「最初からファントムをモチーフにすることになっていたんですよ。『ファントムでやりたい。ファントムを描けるか?』と編集部から言われました。だから飛行機だったら何でも描けるよって。当時、自分の感覚では、やるならイーグルだろ?と思っていましたが」

こうして『ファントム無頼』が誕生した。

「当時、戦場漫画シリーズを描いていたんですけど、これはジェット機の音速の領域を描く一つのチャンスだと思いました。第2次世界大戦の戦闘機を描いていると、複座戦闘機はあまりないんです。ところがファントムは複座ですから、僕の大好きなアメリカンテイストのコンビが描けるわけなんです。アメリカの映画やドラマは『イージーライダー』『ジョン&パンチ』『ローンレンジャー』など、主人公のコンビの対照的なキャラクターを軸にストーリーが展開していきます」

『ファントム無頼』もそのコンビでマッハ2の音速の世界、狭いコクピットの中でドラマが繰り広げられる。

「うんと緊迫感が高まる。神田が『行こう』という時は、後席の栗原が考える時間。そして栗原が『お前が撃てる時間は0・5秒しかないぞ。それでもやるのか?』そして『0・5秒の判断にお前が確信を持てるって言うのなら俺は付き合うよ』ってね」

「そういうセリフを吐かせて、前席後席お互いに重要なんだ。後席は頭脳だ、前席は決断力、そしてお互いに運命共同体という世界を描いたわけです」

劇画の中で、栗原・神田コンビの乗る680号機のコールサインを新選組にした理由を尋ねた。

「男の意志を貫くには、これしかないというメッセージを込めたつもりです」

インタビューの話題は最初に新谷先生が原作のある一節を読んだ時のことに及んだ。

「原作のその部分には、朝礼の場面で戦争中の犠牲者の御霊《みたま》に対してというセリフがありました。私はこれに違和感を持って『これダメです。自衛隊を形骸化したイデオロギーでとらえてはいけないんです』って言いました。さらに『読者の少年たちに、自衛隊はイデオロギーを守っているのではない、国民を守っているのだ、ということを明確にするべきだ』と言ったんです」

史村先生はどう対応したのだろうか。

「『あっ、いいね、それで行こう！』史村さんの本当に偉いところは、とてもフレキシブルなんです。絶対に漫画家の意見を無視しないんです」

さらに新谷先生は自身の考えを劇画に反映させる提案をした。

「史村さんに『自衛隊の制服に階級章は付けません。セリフでは2尉、3尉と呼び合うことはありますけど』と主張した。これは、僕の漫画家としての最後の抵抗でした」

劇画には確かに階級章は描かれていない。史村先生は『それで行こう！』とたぶん言われたのだろう。

「防衛の最前線で働いている人間はいつも命がけなんです。彼らは災害時に駆けつける救助隊ではない。彼らは日本を守っているんです。守る側は敵から一発でも食らったら、使命を果たせなかったことになります。攻める側は一発でも撃ち込めば、侵略の企図は成功したことになります。つまり戦争するより金がかかるのが平和の維持なんです。そういうことを読者にわかって欲しい。命がけでやっている者たちがいることを読者に訴えたいというのが、底流にあったんです」

当時、読者だった筆者は、創作の背景にそんな重い問題意識があることも知らず、ただただ連載を楽しみながら読んでいた。

栗原・神田コンビの復活？

「私はこの劇画を描くために百里基地に何度も行って、隊員たちから話を聞きました。ファントムはわかりやすい飛行機で、音や匂いから飛行機の状態が伝わってくるというんです。何か不具合があると、それが音に出る。列線上のファントムに始動の圧縮空気を送り込んで、エンジンがフォーンと回り出した瞬間に『あっ、ちょっと待って』と言うんだって。それは飛行機が目を覚ました瞬間だから、整備員は、あっ今日はイケるな、あれお前ちょっとおかしいんじゃないか？すぐに気づくそうです」

『ファントム無頼』の生き生きとした描写は、新谷先生が百里基地で実物に接し、現場を見ているからこそ生まれたものなのだ。

「実際のスクランブルも一度だけ見学させてもらったんです。あれは夕方6時くらいで、突然、ジリリリリと発令のベルが鳴って、赤いランプが点滅すると『スクランブル!』と声がかかるんです。大急ぎでパイロットが装具を付けている間に、エンジンが回りだす。パイロットがラダーを駆け上がって、整備員が各部を点検する。2機のファントムが並んでいますから、1番機で出るパイロットが親指を立て発進のサインを出す。整備員がラダーを外して、エンジン音がさらに大きくなってアラートハンガーから滑り出し、タキシングしながら、キャノピーが閉まっていくんです」

この情景を語る新谷先生の口調と体の動きはそのまま『ファントム無頼』の絵のカット割りだった。そして、先生の口から発せられるエンジン音はすべて、漫画のネームと同じカタカナの大きな文字のように聞こえた。新谷先生の目に映るファントムのいちばん格好いいと思う外観はどの角度だろうか。

「正面を少し斜め前から見た姿。エアインテークが大きく開いていて、その前のレドームの下の鼻先がボコッと出ていて、そして、キャノピーがスーッと後ろ側に湾曲していくライン。あれがいいですね」

ファントムの武骨な曲線をペンで描いていくように説明してくれた。

「コクピットの前席のキャノピーと後席のキャノピーの間に小さな窓がありますよね。前席のパイロットは前を見据えていて、後席のナビゲーターはあの窓からわずかながらも前を凝視している。要

劇画『ファントム無頼』。百里基地を舞台に主人公の神田と栗原、そして愛機680号機が繰り広げるスピード感とテンポのあるドラマ。本書のインタビューを通じて『ファントム無頼』を読んでF-4パイロットを志した自衛官が多いこともわかった。
（©史村翔・新谷かおる／小学館）

するに後席は油断していない、というような感じですね」

次回の『ファントム無頼』の表紙の絵はこれで決まりであろう。ところで神田と栗原は、あのまま空自にいれば50代のベテランになっているはず。いま何をしているのだろうか。

「神田は日本の戦闘機パイロットの最高峰、飛行教導隊のトップ。たぶん管制塔からのクレームがいちばん多いパイロットだろう。栗原は三沢基地にいます。米軍機に向かって『俺が英語がわからないだろうなんて思うなよ。お前らの言っていることは全部わかる。お前たちはここでは間借り人なんだ』と。直情径行のキャラクターはそのままでしょう」

50代になった栗原・神田コンビの活躍、ぜひ誌上で見てみたいものだ。新谷先生は、F-4はF-22、F-35に勝てると言っている。

「3600メートル以下の空中戦ならば、運用と戦術によってファントムが2機で、相手のF-22、F-35が1機だったら勝てるんじゃないかな。ファントムはタッグを組んで、僚機が位置を入れ替えながら、相手の行動半径を狭めていく。ミサイル戦だと、レーダーの探知範囲が違うので勝負にならないので、そのやり方のドッグファイトならばということです」

ファントム対ラプター&ライトニングⅡである。

「結局、ライトニングもラプターも一人乗りの単座機。相棒はコンピュータしかいない。コンピュータは非常に冷静に判断します。でも、相手のパイロットの癖までコンピュータは考慮してくれない。ところが、ファントムのように複座機の後席は火器管制などいろいろと仕事もあるけれど、やっぱり、そのコンビ技でさらに強くなる。複座機はパイロットの10の力が後席の働きで5倍にも10倍にもなる」

『ファントム無頼vsステルス戦闘機軍団』。これはとても面白そうだ。しかし先生は現在休筆中である。

「そうなんです。というより連載を休んでいる。読み切りだったら、大丈夫なんですけど」

その続編読み切り劇画の原作は、ぜひ私に任せていただけないものだろうか。

「いやいや、自分の意思だけでは描けません。原作者の史村さんがいますからね」

『ファントム無頼』の原点

続いて『ファントム無頼』の原作者、史村翔先生に会いに行った。日本の劇画原作者の第一人者であり、巨匠の一人だ。緊張と期待とともに訪ねた。

最初に聞いたのは『ファントム無頼』の始まったきっかけについてだ。

「小学館の編集部に呼ばれて『新谷かおるというメカがとても得意な漫画家がいる。だから、戦闘機と人間のストーリーを書かないか?』ということでした。その当時の主力機がF‐4ファントムだったんで、『じゃあー新谷君、ファントムを使ってやろう』となったわけです」

連載開始は『週刊少年サンデー』1978年4月増刊号からだった。そして84年2月増刊号まで連載は続いた。

空白にF-4が配備されたのは1971年。78年だと、F-4は主力戦闘機の座を確立した時期である。1980年3月27日、岐阜基地に次期主力機に決定したF-15Jの最初の2機が到着した。ここからF-4EJは主力の座をゆずることになり、F-4EJ改が計画された。この後、85年にF-4の前の主力戦闘機だったF-104Jが退役する。

「まず、ファントムがどんな飛行機なのか、新谷君と二人で百里基地に取材に行った。新谷君は本当にメカオタクで、飛行機にすごく興味があった。小学館の編集部からは『まだストーリーができてないからお前がやれ』ということで、登場人物を作っていくなかで、パイロットの神田とナビゲーターの栗原という二人のコンビができた」

この絶妙なコンビはどのように生まれたのであろうか。

「キャラクターの設定としては、いわゆる肉体派と頭脳派のコンビは劇画の王道。それをはめ込んだだけです」

前席パイロットがゴリラの神田、後席がコンピュータのナビゲーター栗原。納得である。そして、あのファントムによく似合う『無頼』という言葉はどこからきたのであろうか？

「担当編集者が自衛官のイメージの枠に収まらない『無頼派の二人』を登場させたいというんで、

当初からこの案があったんです」

編集者としては、企画した立場からゆずれない部分は必ずあるものだ。この場合、『無頼』の二文字に編集者の強い思いが込められていたのだろう。

「僕は空想で書いているだけだから、こんなことがファントムで可能か？ そんなことを考えたらストーリーは書けない。だから、ファントムに乗って飛んでいるわけではないからこそ、書けるものもあるんですよ。もし私がパイロットだったら、あんな無茶なことは書けませんよ。だって横に飛んでキャノピーを吹っ飛ばして、民家に飛び込んでいくなんて、あり得ないですからね。枠からはみ出すのは知らないほうが思いっきりできる」

その素晴らしい原作で、われわれはファントムの虜になった。そしてファントムに魅了されたのは、空自の隊員、三菱重工、ＩＨＩの関係メーカーのエンジニアも同様だ。

「皆、ファントムを好きになってくれたら、それでよかったんです。原作者としてうれしいですよ」

原作の中にあるリアルな自衛隊

実は史村先生と航空自衛隊との関わりは、15歳の時から始まっている。

「中学を卒業して、今はなくなりましたが航空自衛隊生徒になりました。陸自には当時は少年工科学校、現在は陸上自衛隊高等工科学校があります。海上自衛隊には江田島に少年術科学校がありましたが２０１１年に廃止されました。航空自衛隊生徒隊は当時、埼玉県の熊谷にありました。卒業後の仕事はレーダー整備です。警戒管制部隊のレーダーサイトに勤務していました」

原作者は元航空自衛官。だから『ファントム無頼』は面白いのだ。史村先生が現役当時は、空自にファントムはまだ導入されておらず、主力戦闘機はＦ－１０４だった。ところが、その頃、ファントムを目撃していたという。

「脊振山（佐賀県）のレーダーサイトに勤務していたんですが、ベトナム戦争に出撃したファントムが板付基地（福岡県）に飛来してくる。それをレーダーサイトでキャッチしている。その時はじめてベトナム戦争を身近に感じましたよ」

航空自衛隊生徒ですが、当時はどんな様子だったのですか。

「私が生徒だった昭和30年代末、小隊長クラスのベテランたちは旧軍の経験者なんですよ。それも特攻隊や予科練の生き残り。ある人は爆撃手として艦上爆撃機の彗星に乗っていて、沖縄に出撃して実戦を経験している。敵艦からの対空射撃の弾がすべて自分に吸い込まれるように飛んでくるのが見えたそうです。帰還すると、自分の飛行機しか残っていない。操縦していた機長は、ものすごく運がいいのか技量が高かったのか、お陰で生き残った、そういう話を聞きました」

栗原の原点は、この艦爆「彗星」の後席の爆撃手、そしてパイロットの神田は強運のパイロットなのかもしれない。

「当時は鉄拳による指導や精神注入も行なわれていた時代でした。その小隊長の殴り方が旧軍仕込みの本物なんですよ。1発でポーンと飛びますよ。俺の前に来た時『やめて！』と思わず叫んでしまったんですよ。小隊長は笑いながら『お前は腰抜けか！』と言って2発食らいました」

まさに軍人魂を15歳で叩き込まれたわけだ。原作の中にリアルな空自の雰囲気が垣間見えるのはこんな体験からだろう。

漫画原作者 史村翔。『ファントム無頼』の原作のほか、武論尊の名義で『北斗の拳』『ドーベルマン刑事』で知られる。元航空自衛隊生徒。

「それはあるでしょうね。百里で取材した時も『実は生徒出身です』と言うと、隊員たちの反応が全然違いましたね。当時の同期や仲間が隊長の副官になっていたこともありましたから」

しかし、劇画では鉄拳制裁の嵐が描かれてはいない。

「コメディタッチにしたのは新谷君のオリジナルです。あまり自衛隊の厳しいところばかり強調するのは面白くない。彼は楽しいのが得意。ソフトな漫画も描いている人の独特の感性です」

史村先生が初めて見たファントムは、ベトナム戦争から生還した米軍の戦闘機だった。

「ベトナムで戦った迷彩のファントムを見た時、独特の怖い印象がありました。それに比べて、実戦で使ったことがない空自のファントムは小綺麗な普通の飛行機という印象です。ところが実戦を経験したファントムは全然違います。つまり敵を殺している、戦って生き残った戦闘機には迫力がみなぎっている。うわぁ、こいつら、いっぱい殺してきたんだなっていう殺気があるんですよ。その迫力は戦闘機の中から伝わってきます。見て感じるモノが違います」

人を斬ったことのある日本刀と観賞用の日本刀の違いと同じだろう。空自のファントムは、いま実戦を経ることなく退役していく。それこそ空自のファントムが日本の平和を守り抜いた証しではないだろうか。

「そう。ファントムを選んだのは簡単に抜くことはない宝刀だけど、いったん抜けば鋭い切れ味を発揮する、すごい武器になるんだぞ、という思い入れがあったからかもしれない」

筆者は、百里基地で聞いたF - 2とF - 4の両方に乗ったパイロットの話をした。

そのパイロットは『ファントムはいいんですよ、油圧なので飛んでいる時の一体感がF - 2と全然違う』と言っていた。

「同感です。やっぱりファントムは人間が翔《か》けさせるという感じがあって、血が通っているような印象が強い戦闘機だったから、原作もわりと書きやすかったです」

ファントムは、それに関わったすべての者に特別な感情を抱かせる。整備員たちは、ファントムのことを一つの生き物のように扱っていた。

「ファントムは、武器としての無機質な機械と人間臭い飛行機という二つの性格がある。だからベトナムで戦った米軍のファントムは獰猛な武器、空自のファントムは隊員たちの平和を願う思いを乗せて飛んでいるということなんだろうね。F‐2やF‐15イーグルは多くの機能がコンピュータ制御でしょ。すると、パイロットがメカに支配されてしまう。ところがファントムはアナログな部分が多いから、生き物を動かしてる感じがするんじゃないかな」

史村先生の言うとおりだ。

筆者は『ファントム無頼』で、栗原・神田コンビが乗った680号機と一緒にスクランブル発進した320号機が、第301飛行隊で現役で飛んでいることを報告した。

「へー！そうなの」

びっくりされた史村先生の様子を見て、筆者は『ファントム無頼』の続編を読みたいと言った時の新谷先生の反応を伝えた。

第302飛行隊の中村太一３曹が機付長として担当する320号機は『ファントム無頼』の劇中で登場する唯一の実在するF-4。

「新谷先生にはすでにストーリーがあるようです。神田は飛行教導隊トップで、栗原は三沢基地の管制塔で米空軍と英語でやりあっている。そしてF・4EJ改が、最新のF・22やF・35ステルス戦闘機を相手に空戦訓練を繰り広げて勝利する話なんです」

史村先生は笑顔で答えた。

「新谷さん、しばらく飛行機モノをやってないから描きたくてしょうがないんだよ。私から注文はない。ファントムライダーとファントムを思い切り描いてほしい。ゴーサインが出たら、すぐにでも開始じゃないかな」

そう遠くない日に『ファントム無頼』が復活するかもしれない。

13　今だから語れる非常事態

戦う覚悟はできている

１９８０年代『ファントム無頼』を読んだ少年たちの中には、この劇画に出会って、空自のパイロットを志し、ファントムライダーとなった者が少なくない。この10年ほどの間に退役したファントムライダーたちがその年代に相当する。彼らが現役で大空を飛んでいた頃を振り返ってみよう。

空自の平時における主要な任務に、日本の周辺空域の警戒監視がある。戦闘航空団においては、このための警戒待機を「アラート」、緊急発進することを「スクランブル」という。

「領空侵犯に対する措置」は自衛隊法に定められた行動で、全国各地のレーダーサイトが周辺空域を３６５日24時間休みなく監視し、国籍不明機が出現すれば、緊急発進を発令し戦闘機を指向させる。空対空ミサイルと機関砲の実弾を搭載した戦闘機と当番のパイロットが、「アラートハンガー」と呼ばれる専用格納庫で常時待機している。当然、F‐4とファントムライダーたちもこの任務についている。

アラートハンガーには最初に発進する第1編隊の2機と、予備の第2編隊の2機、計4機が飛行前点検を終えた状態で待機している。ファントムの場合、パイロットは8人となる。

スクランブル発令のベルが鳴り響くと、待機室からパイロットたちは全速力で愛機に駆けつける。アラートハンガーの扉が開かれると同時にエンジンを始動。F‐4のエンジンに圧縮空気が送り込まれ、タービンが回り始める。

整備員のサポートでコクピットに着席すると、後席パイロットはチェックリストを読み上げ、前席パイロットが次々とそれをクリアしていく。それが終わるとコクピットから整備員にエンジン点火の合図が送られる。

アラートハンガーにジェットエンジンの金属音が響き始め、整備員は機体の下に潜り込んで最終点検を行なう。主脚の輪止めが外され、同時にミサイルに取り付けられていた安全索も外される。

スロットルレバーを押してタキシング開始。滑走路に向けて機体が滑り出す。アフターバーナーに点火して離陸。2機のF‐4は轟音を残して空に舞い上がった。

この先は、レーダーサイトからの誘導を受けながら、国籍不明機に接近を開始する。主翼と胴体の

1990年まで常に空自F-4のライバルだったソ連空軍のツポレフTu-16。1987年12月9日には沖縄付近上空で第302飛行隊のF-4EJが空自史上初となる警告射撃を行なった。(米空軍)

下には本物の赤外線ミサイルとレーダーミサイル、20ミリ機関砲には実弾が装填されている。実際にこれらを使う事態になる可能性は決してゼロではない。戦う用意と覚悟はできている。

吉田元2佐の初スクランブル

――スクランブルの思い出をお願いします。

「最初のスクランブルは小松の第303飛行隊の時でした。遭遇したのはソ連の戦略爆撃機Tu-16バジャー。機体尾部に銃座があるんです。それがこちらに向いているんですよ。あっ機銃をこちらに向けている。俺を狙っているのだろうかと考えながら追跡しましたね」

――銃口がこっち向いているのは、気分いいもんじゃないですね。

「気分はよくはないけど、そんなに接近しているわけでもないし、恐怖感はありませんでした。当時はソ連時代の末期で無茶な行動に出てくることはないだろうと思っていました。近年の中国のように何をするかわからないという不安はないので、最大の緊張を強いられるといったことはありませんでした」

——しかし相手は爆撃機ですよね。

「後部の丸いドーム状の窓から相手機の搭乗員の顔が見えるんです。手を振っているんですよ」

——それでどう対応したんですか？

「こっちも手を振ってやりました」

誰も知らない空の果ての日ソ友好である。

複座だから助かった——杉山元将補

国籍不明機は接近すれば目視できるし、対処の要領も決まっているが、大空では不可解なことも起こる。そのひとつが未確認飛行物体、ＵＦＯとの遭遇だ。

——飛行４０００時間のパイロット経験で未確認飛行物体との遭遇はありますか？

「ありますよ。それを直接見ていませんが、沖縄勤務当時、深夜午前2時のスクランブルでした。時期は夏になる前で東シナ海は雷雲に覆われていました。私は2番機で、高度2万フィートを1番機の3・2キロ後方でレーダーを使用しながら飛行していました。地上からの指示に従い、雷雲に入っ

杉山政樹氏の現役時代（前席搭乗）。戦技競技会では整備員によって機体に特別な塗装が施された。パイロットの士気も上がる。

て対象機の追跡を始めました。それが高度2万フィート（6000メートル）から2000フィート（60メートル）に一瞬で降下したと、地上から連絡がありました。われわれも1000フィート（300メートル）まで急降下して追跡しました。そして雷雲に入ると機が帯電して周囲がブルーの光に包まれて、さらにレーダーが使えなくなった。10分追跡して雷雲から出たところで、その物体は消えてしまいました。そこでやむなく基地に帰投しました」

――未知の物体が日本の周辺にも飛んでいるのでしょうか？

「自分の目で見てませんが、この経験があるので何かが飛んでいることは確かです」

――複座だから助かったという経験はありましたか？

「当時のアラートは2個クルーが24時間4交代で

就きます。人間だから生理現象、つまり大小の用がありますよね。スクランブルが発令されてトイレで用を足していて遅れました、というわけにはいかない」

――その場合はどうするんですか？

「アラートはある程度、事前に情報が入ることもある。そこでトイレに行く時は、いま事前情報があるかどうか確認する。でも、ある日の待機中『もしかしたらアンノウン（未確認）機になるかもしれない』との情報で、すぐにも離陸することになるかもしれず、トイレに行けなくなったことがありました」

――そこにスクランブルがかかった。

「そう。そのまま飛び上がって行った。未確認機はソ連機だったんだけど、識別などの所要の対処行動をして帰途についた。あー我慢できた――、早く帰ろうとホッとしていると、地上から今度は『海上に識別・監視が必要な船舶がいるから、その船を捜索し、確認してきてくれ』と指示があった」

――個人的な「スクランブル」がヤバい状態……。

「そうなんですよ。それでその船を探しに行くうちに、自分がだんだん危ない状態になってきた。脂汗を流しながらマルファンクション（機能不全）になるのを我慢して、何とか対象の船を見つけた。それで任務は完了しましたが、基地に辿り着いた時、生理現象はセーフティーランディングぎりぎりの状態でした」

――飛行機は滑走路に降りますが、ウンコは便器に投下しないと大変なことになる。

「着陸してアラートハンガーに入ると、エンジンを止めるにもいろいろスイッチをオフにしないといけない。しかし自分はぎりぎりの状態。ここで複座であることに救われました。後席に『ブレーキ、踏んでおいてくれ』と頼み、急いでコクピットから降りてトイレに駆け込み、極限状態を脱した。それで、また機に戻ってエンジンをゆっくり止めました」

――正真正銘、ほっとしたスクランブルですね。

「そう、はぁーと一息つきましたよ」

スクランブルで体験した緊急事態

――スクランブルで、緊迫した状況になったことはありますか?

吉川「1回だけあります。新田原で勤務していた時、韓国で韓米合同演習『チームスピリット』があった際、ロシアのイリューシン偵察機がその演習の情報収集に来ていました。韓国空軍のF‐4が緊急発進をかけてきたので、ロシアの偵察機は東シナ海方向に逃げました。今度はわれわれの出番です。ところが、韓国空軍のF‐4も追跡してくるので、これにも対処しないといけない。日本の防空識別圏に入ると韓国機もこちらを探知・警戒してレーダーをロックオンしてくるんです。ロックオンされるのは、格闘技で言えば頭を押さえ込まれるのと同じで、すごく嫌なものです。それをかわすた

吉川氏が東シナ海に入るイリューシンを追うと、韓国のスクランブル機も追跡してロックオンしてきた。吉川氏は回避行動をとる。知られざる「空中戦」だ。写真は韓国空軍のF-4E。

めにこちらは機首を5度ずつ振る。すると向こうも5度ずつ振ってくる。互いにレーダーで見てるわけですよ。3〜4回、回避操作をしました」

——中国機への対処はありましたか？

吉田「沖縄であります」

吉川「私もありますよ。艦載機を確認しています」

——それ以外の外国機との遭遇はありますか？

吉田「日本海上空で、米空母機動部隊の情報を収集するためにロシアのツポレフTu-95ベアが飛行していました。われわれもこのロシア機を識別・監視しているところに空母艦載機のF-14トムキャットもやってきて写真を撮るんです。その際、可変翼を開いたり閉じたりして自慢げに見せてくれるんだけど、いいから早くそこをどいてくれと思いましたね」

——邪魔ですね。

吉田「ええ。いつか彼らの実力を確かめたいと思っていました」

――それでトムキャットとの空戦訓練は実現しましたか？

吉田「はい、やりました」

倉本「私もやりましたよ」

吉川「でも弱かった」

倉本「意外にも評価は低かった」

――えっ、映画『トップガン』では可変翼を動かしながら、敵機をバタバタと撃墜していましたよ。

吉川「それは映画の世界でしょう」

倉本「こっちがF－4でトムキャットに肉薄していく。向こうは可変翼を開いて低速にして、こちらを自機の前に出そうとする。そうしないとすぐに後ろに付かれてしまうからです」

――『トップガン』のワンシーンにもありました。トムキャットはもともと長距離ミサイル「フェニックス」の発射台ともいえる戦闘機だからドックファイトは弱いということでしょうか。

織田「そうかもしれません」

吉川「少なくとも空戦は下手でした」

――するとF－4でも簡単に撃墜できるということですか。

吉田「と思います」

OBたちの経験ではF-14との空中戦は「たいしたことなかった」という。写真は可変翼を稼働するF-14Aトムキャット。日本にも駐留していた。

吉川「とにかくトムキャットは機体が明らかに重い。あの時、米空母機動部隊は南から日本海に向かっていました。そこで空母のF‐14トムキャットは、沖縄の南西航空混成団から順番に西部航空方面隊（九州）、中部航空方面隊（本州）の飛行隊と空戦訓練をしながら北上しました。最初の相手になった那覇の第302飛行隊から届いた情報は『トムキャット、すごく弱い』というものだった。対戦したパイロットたちは『俺たちを舐めているのか？』『それとも本当に弱いのか？』と話し合っていました」

——F‐14トムキャットの実力をあばいたわけですね。

織田「それからしばらくしてF‐14は退役して、F‐18に替わりました」

——敵味方にかかわらず実際に見ると、いろいろなことがわかりますね。

空戦での複座機の強み

戦闘機パイロットにとっていちばん重要なことは空戦に勝利することである。勝利、すなわち敵機撃墜である。その戦技を磨くためにF-4ファントム飛行隊は、ファントムライダーたちをある島に送り込んだ。硫黄島である。太平洋戦争では日米両軍死闘の地だ。

その硫黄島には現在、空自の戦闘機が空戦訓練を行なうための空域が設定されている。そこでどんな訓練をしていたのか？　ブルーインパルスの飛行班長も務めた吉田元2佐に聞いてみた。

「硫黄島ではACM集中訓練を行ないます。最初は2対1、それから2対2と段階的に難度を上げていきます。期間は2週間、1日3回飛びました」

――毎日3回のフライトはきつくないですか？

「訓練ですからね。3回のうち1回はドロップタンク（機外増槽）を外して飛びます。空中戦では本来、ドロップタンクを落すんですよ。クリーンの状態で最大性能を発揮できるようにします」

――かの零戦も増槽を落した瞬間から空戦が始まりますからね。でも増槽なしでは飛べて1時間くらいですか？

「アフターバーナーを使う、使わないで大きく燃費が違ってくるので一概には言えません。ふだんは自分の訓練飛行以外に飛行隊の任務や行動に付随した訓練や業務の計画作成など、いろいろと雑務があるんですよ。ところが硫黄島では本来の飛行訓練だけに集中できるんです」

——吉田元2佐の得意な撃墜技はありますか？

「ベリー・サイド・アタックです。1番機と2番機が対抗機をできるだけ真ん中で挟みます。次の瞬間、対抗機は逃げようと左旋回に打って出たとします。当然、これも2機編隊で追い込みます。この時、たとえば1番機（左旋回）が最大限の旋回半径で回ります。すると対抗機はこれが気になる。なぜならそのまま左旋回をゆるめると、自分が1番機からミサイルで狙われる領域に早く入ってしまう」

——つまりミサイルで撃墜される位置に対抗機は追い込まれてしまう？

「はい。だから対抗機はヤバいと思って、フレアーを用いて最大性能左旋回を開始する。そこで2番機（右旋回）が対抗機の死角になる腹の部分に右旋回で回り込んで仕留めます。これをベリー・サイド・アタックといい、この醍醐味が好きでしたね」

——対抗機が2機編隊の時は、どちらから撃墜するんですか？

「通常、味方2機で目標を1機に絞ります。レフト（左旋回のヤツ）かライト（右旋回）です。当初ライト狙いで目標を定めていたのをレフト狙いに切り替える時は「スイッチ！」と言います」

——複座のF - 4ならではの空戦での強さを教えて下さい。

「硫黄島での訓練は、遠くても7〜8キロの距離で、すべて見えているんです。複座の四つの目が必要なのは、それ以遠の10〜40キロの中距離です」

——やはり単座に比べると有利ですか？

「複座は強いですよ。前席も見ているし、相手とすれ違った時などには、その動きを追うため後席に『ちょっと後ろを見とけ』と指示するなど、役割分担ができますから」

——F‐15との空戦ではどうでしょうか？

「F‐15も撃墜したことがあります」

——複座のF‐15DJを使う飛行教導隊との訓練はどうですか？

「飛行教導隊は意図的にキル（撃墜）できるような状況をシナリオ設定してくれます。しかし、そこでキルできなかったら『何で失敗したのか？原因はどこにあるんだ？』と教示、指導してくれる。お互いに2対2のフリーで、どちらが勝った負けたという状況での訓練はやりません。無駄になるだけですから、教訓が得られるような訓練をできる限りやります」

遠いランウェイ——硫黄島事件

硫黄島は実戦的な空戦訓練で、パイロットたちを鍛えあげる場だった。しかし、織田元空将は第304飛行隊の移動訓練隊の隊長時代、ここで修羅場を経験することになる。

——何があったのですか？

「当時のパイロットで知らない人はいない『硫黄島事件』といわれる危機的事態です。1987年7月、まだ硫黄島での移動訓練が開始されて間もないころです。私は飛行班長で、着任したばかりの隊長から『お前、行って来い』との命令を受けて、6機で硫黄島に向かった。しかし天候の急変で猛烈な雷雨に行く手を阻まれ、そのうち2機が降りられなくなったのです」

——なぜですか？

「航続距離の長いF-15やF-2ならば着陸直前でも出発地に引き返すことができる。しかしF-4はノーリターンポイント（出発した飛行場に戻れなくなるポイント）を過ぎると、硫黄島に何としてでも降りないとならない。だから経路と目的地の気象情報は出発前に詳しく分析して確認する。その結果、訓練隊長の私は行けると判断した。百里を離陸すると完璧な晴天で、「ノーシグ」といって今後も変わらず天候は良好というアドバイスも出ていました。6機を4機と2機の2個編隊に分けました。これは硫黄島まで800キロあるから交信ブラックアウトエリアが出てしまう。交信を常に維持するために、第1編隊4機の後ろに200マイル（約370キロ）離れて第2編隊2機を飛行させた。こうすると百里、硫黄島間で2個編隊の通信が途絶することはない。そして第1編隊がノーリターンポイントを越えた時は天候はよかった。ところが左方向に大きな積乱雲が見えた」

——飛行中の航空機の前途に立ちはだかる最大の障害ですね。

「それで硫黄島の気象隊を呼び出して『積乱雲がトップ4万5000フィート（高度1万3500メートル）で垂直にそびえている。どっちに向かっているか』と聞いた。すると、硫黄島からは『南南東の方向に移動していますから問題ありません』と回答してきた。ならば、このまま行くぞと飛行を続けました。ところがその積乱雲は移動方向を変えたのです」

――積乱雲が攻めてきた。

「その時には後方の第2編隊もノーリターンポイントを越えていた。それで後続の2機に『早く来い、急いで降りるぞ』と速度を上げさせた。ところが巨大な積乱雲が硫黄島に近づいている」

――どうされたのですか？

「私は編隊長だから、まず先行の第1編隊のうち、自機を除く3機を降ろした。そして積乱雲の周囲を旋回しながら2機が着陸できるかどうか状況を見守った」

――この2機はもはや百里に引き返せないし、天候の好転を祈るほかない。

「だから2機には『燃料をセーブしながら、ゆっくり来い』と指示した。そして、『自分も燃料がなくなってきたので先に着陸して地上から指揮をとる』と言ったのはいいが、積乱雲が硫黄島上空に達して着陸できない。『降りるぞ』と管制塔に連絡して、ベースギアチェック（着陸前に滑走路周辺でギアダウンして、前脚と主脚の降着装置がきちんと降りていることを確認する）した。そして、ベースターンで滑走路に正対しようとしたら、雲に突っ込んでしまい、滑走路はおろか何も見えなくな

硫黄島基地。R/W07側（南西側）から見た様子。滑走路は2650mあり、滑走路端から４㎞ある摺鉢山は写真右の方向にある。

ってしまった。しようがないからゴーアラウンド（着陸復行）して、しばらくして雲から抜け出したら快晴です。でも滑走路の半分は土砂降り。オポジットランウェイ（滑走の逆方向から進入）で降りると決意した。つまり着陸をやり直して滑走路の反対側、晴れている方向からアプローチすれば着陸できると判断したんです。そして着陸。そのまま土砂降りの中の滑走路の残り半分に向かう。ドラッグシュートが開いてブレーキがかかりますが、機体は止まらない。ハイドロプレーニング現象です。オーバーランして、バリアを踏んでオーバーランエリアでようやく止まった。本来なら処罰ものだけど仕方がない。F‐4から降りて、管制塔に天候を確認すると『あと15分で豪雨は抜けます』と言うわけですよ。『よし、大丈夫だからホールドしておけ』と2機に上空待機を命じました」

——天気予報はあたりましたか？

「結果的には15分経過しても、1時間あたり90ミリの観測史上4番目の豪雨が続きました。無線のマイクを取って『上昇して燃料をセーブしろ』と指示して、3万フィート（高度9000メートル）に上昇させた。ジェットエンジンは高空のほうが燃費はいい。しかし、あと2時間で燃料はなくなる。降りられなかったらベイルアウトしかない」

――フレームアウト（エンジン停止）ですね。

「この前年にF‐4が2機、フレームアウトで墜落した事故があった。新田原の天候悪化のため築城に着陸すればいいのに、もたもたしていて、結局2機が落ちた。私はその時、築城にいて事故の経緯をよく知っていた。あっ、あの時の再来かと。私は2機を無事に降ろすにはどうしたらいいかを考え続けた。そこでランウェイの両端にあるモーボ（モービルコントロールユニット：通常ここで着陸状況を監視する）に部下を出して、天候を観察させた。ところが悪い時には悪いことが重なる。地上の広域レーダーが原因不明だが使用不能になった」

――目視できないし、レーダーも使えない。どうしたんですか？

「さらに悪いことが続きました。1番機と2番機がバラバラになっている。2番機はタカン（TACAN：戦術航法装置。UHF極超短波を用いて目的地の方位および距離を同時に測定し自機の位置を正確につかむ）アウト……」

――2番機は大空の迷子になってしまった。

「あとはINS（慣性誘導装置）しかない。しかし昔のINSは3時間飛んだら約10マイル（約18

キロ）の誤差が出る。だから、これを再調整している間にもどんどん燃料がなくなる。気象隊に聞くと「あと15分くらいで雲は抜けます」と繰り返すばかり。そうこうしていたらモーボのパイロットから無線で『今、擂鉢山《すりばちやま》が見えます』と連絡が入った」

——あの米海兵隊が星条旗を立てた山だ。

「擂鉢山が見えるならば、2番機からアプローチしろと伝えた。しかし2番機はタカンアウトしているので自分の位置がわからない」

——どうしたのですか？

「なんとか1番機をジョインアップ（空中集合）させ、精測進入レーダー（PAR：最終着陸コースに乗った航空機に進入角度とランウェイ上の接地地点までの距離を測定し指示する）が飛行機をピックアップできるところまで2番機を引っ張っていく必要がある」

——それは機能していたのですね。

「そう。普通、精測進入レーダーは15マイルくらいでも戦闘機を十分ピックアップできるが、激しい雨粒が邪魔になり8マイル（14・8キロ）くらいに近づかねばレーダーがピックアップできない。ピックアップされない限り誘導できないのです。本来なら2機で編隊着陸すればいいが豪雨のためできない。だからタカンアウトの2番機から降ろしてぎりぎり着陸できました。しかし、2番機を誘導した1番機は余分に燃料を使ってしまったうえ、再び激しい豪雨になり視界不良で降りられない」

織田邦男氏は硫黄島移動訓練で編隊長を務め「硫黄島事件」を事故なく成功させた。写真は2008年３月17日織田氏のラストフライト。

――再び擂鉢山が見えなくなったのですか？

「それから30分以上は擂鉢山が見えない状態だった。1番機とは『降りてもいいですか？』『ちょっと待て』この問答の繰り返し。あとは精測進入レーダーによるGCA（グランドコントロールアプローチ）の誘導で降りるしかない。『燃料残り500ポンド』と1番機から連絡が来た。あと2回しかアプローチできない。これで降りられなければ墜落する。意を決してアプローチさせたが、ランウェイはまったく見えず失敗。あとアプローチは1回だけ」

――最後の勝負じゃないですか！

「その時、ハッと気がついた。百里からの長距離飛行のために燃料タンクを3本付けている。本来は消耗品だから、有事であれば中身が空になれば投棄してしまう物だが、空自では装備品なので投棄したことはない。すぐに無線のマイクを取り『タンクを捨てたか？』と聞くと、『捨ててません』の返事。日本人は不思議なんだよねぇ。自分が死にそうになってもモノを大切にする。この期に及んでタンクはいらない。『バカヤロー、落せ。パニックボタンを押せば全部落ちる』」

――タンク3個分の重さがなくなった。

「これで抵抗がなくなって燃費がよくなり、F‐4の機動性もF‐15並みになる。でもまだ最後の関門があった。硫黄島のGCAをコントロールしているのは海上自衛隊の管制官です」

――緊急事態なので、一生懸命やっているのではないですか？

「だけど、その当時、硫黄島では空自が戦闘機の訓練を始めたばかりで、海自の管制官はジェット戦闘機をコントロールした経験があまりない。でも、最後の幸運があった。空自のベテラン管制官、大山1尉がたまたま硫黄島に来ていた。そしてこの時、管制塔に様子を見にきていた」

――その大山1尉に交代すれば……

「管制官は定められた飛行場での業務資格が与えられる。小松基地に勤務する大山1尉は空自でも有数のベテラン管制官だけど、硫黄島の資格を持っていない。やれば規則違反ですよ」

――でも、非常事態です！

「そうしたら、途中から交信のボイスがスムーズになった」

――大山1尉の機転で管制の交信を代わった。

「そういうこと。この時、ほとんどの人は燃料切れで墜落すると思っていたでしょう。基地のレスキュー（救難隊）も着陸できなければ『硫黄島上空でベイルアウトさせて下さい』と言ってきた。ヘリも救助に上がれないくらいの豪雨だったからです。私は最後のアプローチだから、もし管制官の『テイク・オーバー・ビジュアリー』（レーダーの誘導はこれまで、あとは滑走路を目で見て自分で降りてください）のボイスを聞き、パイロットが『ネガティヴ・インサイト・ミスト・アプローチ』（滑走路は見えない。再復行する）と言えば、文句なく『ベイルアウト（脱出せよ）』を命じようと覚悟していました」

――死ぬか、生きるか…。どうなったんですか？

「モーボに派遣しているパイロットから突然『パワー、パワー、パワー』と絶叫のボイスが入りました。彼曰く、1番機が突然、モーボの上に姿を現わした。ランウェイから大きく外れている。しかも90度バンクに近い姿勢で滑走路にねじ込もうとしている。そして次の瞬間、豪雨の中に機影は消えた。これは落ちると思い、思わず『パワー、パワー、パワー』と叫んだそうです」

――エンジンの推力を上げようにも燃料はもうない。

「次の瞬間、ドカーン！と墜落音が聞こえるのを覚悟した。落ちたかなと一瞬、思った。しかし、ゴーアラウンド（再復行）のエンジン音がすれば、躊躇なく『ベイルアウト』の指令を出そうとマイクを握りしめていました。次に聞こえたのは『グッドヒット』（滑走路上に張ってあるバーク12というワイヤーに着艦フックで引っかけて無事着陸）というボイスでした」

——着艦成功、いや着陸成功！

「私は、やったーと叫んで思わずガッツポーズ。様子を見ていた全員で万歳！全員が一丸となるというのは、ああいうのを言うんでしょうね。その夜、4人のパイロットの生還祝いをやりました。事前に持ち込んでいた1週間分のビールをみんなで飲み干しました」

——最後はビール燃料もゼロ。さすがファントムライダーです！

ところが、話はこれで終わりではなかった。

硫黄島事件のその後

——無事に全機着陸して万々歳ではなかったのですか？

「われわれとしては無事終わったけれど、その後、ある問題が浮上した」

——大山1尉が管制塔のマイクを握ったことですか？　あの誘導がなければ最終アプローチは成功しなかった。

「そう。しかし、あの行為は航空法違反だから処罰の対象となってしまった。われわれは処分撤回、大山1尉を表彰してくれと嘆願書を上げた」

——どうなったのですか？

「結局、規則は規則だから何月何日付で注意処分ということになった」

——それではあまりに杓子定規な結論ですね。

「でも同日付で、大山1尉は三級賞詞を授与され表彰されました。同時に処分と表彰をもらったのは、空自始まって以来です。当時の空幕は粋なことをやったものです」

——硫黄島は逸話の宝庫ですね。

「それから10年後、私は小松基地司令になった。すでに大山さんは退官されて小松市内に住んでいた。それで基地の航空祭の祝賀会の席で再会した。『あの時はありがとう』と伝えると、大山さんが『いや、実はあの時、地中から声がしたんです』とね」

——で、出たー、硫黄島伝説！

「私が、『あと1回だ。コントローラーもしっかりやれ』とボイスを出した時に、海自管制官のコントロールぶりを後ろで見ていた大山1尉は地中から声を聞いたそうです。『お前は何をしているんだ。お前がコントロールしろ！』と。それを聞いた時、私は思わず鳥肌が立ちました。でも私はそれを信じています。硫黄島はそういう所なんですよ。大山さんは自身を誇るようなことはしない。だから嘘なんかつかない。そんな朴訥な人が10年経って初めて私だけに明かしたんですよ」

——日米双方で2万7千人が戦死した激戦の島ですからね。

「あのあと硫黄島からの帰りも大変だった。往路も復路もYというパイロットがトラブルに見舞われた」

——何があったのですか？

「帰路の飛行も6機で離陸した。ところがYの乗機が故障してノズルワイドオープンになった」

——それはどんな状態ですか？

「エンジンのノズルはアフターバーナーを点火すると、ワイドオープンに開く。それがオープン状態のまま閉じなくなった。これだと百里基地まで届かない。全機引き返すことを決心して硫黄島に戻った」

——相当、硫黄島に気に入られましたね、織田班長の編隊は！

「そう。それで仕方なく築城からC-130輸送機でエンジンを持ってきてもらって、交換し、テストフライトして、二日後にようやく帰るぞ！となったら、今度は百里が連日、天候不良で出発できない。その時、われわれは何かに祟《たた》られていると思った。Yには気の毒だったが、『お前を帰路のメンバーから外す。C-130で帰れ』と命令して、編隊の要員を組み替えた。そうしたら何事もなく帰れた」

——飛行機ではなく、人が原因だったんでしょうか？

「人知では計り知れない何かがあるんですよ」

——硫黄島はそういう場所なんですね。

14 RF-4偵察機——偵察航空隊の使命

任務完了。基地に帰投

戦闘機は空中でさまざまな任務や訓練を終えると、基地に帰投する。この帰途につくことをRTB(Return to Base)という。

RTBは、スクランブルなどの任務の場合は、地上の防空指令所から指示される。通常訓練の場合、予定の訓練が終わればミッションコンプリート(任務完了)で、編隊リーダーの判断によりRTBが可能となる。

これが告げられると、機上にはわずかながらも自由な時間が与えられる。そんな時、ふとコクピットから見える光景がパイロットたちの思い出となることがある。

胴体の下に側方を撮影できるKS-146Bカメラ内蔵のLOROPポッドを搭載したRF-4EJ。その前方には自衛のための電波妨害装置のALQ-131改ECMポッドを搭載している。

機体が百里に帰ってくる。基地上空を編隊でフライバイ（航過）して、1機ずつ翼を翻すと滑走路へのアプローチを開始する。

パイロットは操縦桿とラダーペダルを慎重に操作しながら滑走路にさらに接近する。AOA（迎角）が適正であることを示すオーラルトーンが鳴っている。左手はスロットルレバーに置き、いつでも両エンジンをミリタリーで着陸復行できるように備える。ギアとフラップをダウン、フラップおよび主脚が着陸用の位置にあることをコクピットの表示で確認する。

機体が一瞬、無重力で浮いたように感じた次の瞬間、主脚が地面をとらえる。滑走路面とタイヤが接触して、摩擦熱で青白い煙が出る。それは、すぐに翼端から発生する乱流に巻き込まれ、渦を

第501飛行隊の列線には迷彩色のRF-4が並ぶ。戦術偵察機は低空を飛行するため濃緑色系迷彩と青色系の洋上迷彩がある。

描きながら後方に消える。

尾翼下のドラッグシュート収納筒の蓋が開き、小さい抽出傘が出て主傘を引き出し開くと、機体は減速を開始する。

滑走路を出たところで一度エンジンを少しふかすと同時にドラッグシュートが切り離され、整備員がそれを回収する。そして誘導路をタキシングし駐機場に入る。F-4は列線の決められた位置に到着し、整備員の誘導で停止する。2基のエンジンの作動音が急速に低くなり回転が止まっていく。

「エンジンカットして、すべて終わると安心しますね。そして電源が停止するとインターホンも切れるんで、その前に後席に『ご苦労様でした』と伝えます」（岡田群司令）

列線整備員はすぐにフラッシュライトを点灯さ

せて、機体の各部のチェックを開始する。

百里基地のいちばん南側に位置する格納庫の前には、グリーンやブルーの異なる迷彩にペイントされたファントムが並ぶ。共通しているのは胴体真ん中に大型増槽、両翼の下にも増槽が1本ずつ、大小3個の増槽を装着しており、長距離、長時間の滞空を可能にしている。

さらによく見ると両翼に増槽を2本付けた機体は、機首部分の形が戦闘機型とは異なる。戦術航空偵察を任務とする第501飛行隊のRF‐4偵察機だ。機首部分には側面と下部に四角い窓がある。この内部には偵察用カメラが搭載されている。尾翼の部隊マークはウッドペッカー（きつつき）である。

RF‐4とF‐4は、飛行隊の任務はまったく異なる。筆者は第501飛行隊を取材した。

偵察機に課せられた任務―偵察航空隊司令軍司雅人1佐

偵察航空隊の応接室に、グリーンのパイロットスーツ姿の男が現れた。偵察航空隊司令の軍司《ぐんじ》雅人《まさと》1等空佐だ。軍司司令のタックネームを聞くと「マーダー（殺人）」だという。なんでそんな恐ろしい名前になってしまったのか？

「人相がよくないんで、先輩から付けられました。F‐4戦闘機のパイロットだったので、タックネームも強面《こわもて》になってしまいました」

笑いながら答えた。うーん、確かに「マーダー」の名が似合う雰囲気だ。

軍司令に偵察航空隊の任務から話を聞いた。

「偵察機による航空偵察です。決められた目標を上空から映像、またはパイロット、ナビゲーターが目視で捉え、情報資料を入手するのが任務です。平時であれば災害派遣にも出動します。被害状況を偵察し、情報収集します。いちばん最近の例では熊本震災（２０１６年4月14日発生）がありま す」

日本列島のどこかで災害が発生した時、マッハ２で飛行できるＲＦ－４は最も迅速、長距離行動が可能な偵察手段だ。

「たとえば陸上自衛隊から特定地域の被害状況を求められれば、その情報を提供します」

ＲＦ－４の主任務は戦術偵察だ。

「有事では敵がいるわけです。敵は当然、偵察機を攻撃してくる。でも偵察機の任務は戦闘ではないので、生きて帰って来ないといけない。だから、敵の脅威圏に入って行動せざるをえない可能性もゼロではないですが、できるだけ危険を回避しつつ行動するのが原則です」

生還する、これが偵察機に課せられた最大の任務だ。

「偵察機と戦闘機では基本的に任務が違いますが、偵察航空隊のパイロットは全員、戦闘機出身です。だから偵察機のパイロットになるためには、考え方を戦闘機乗りから根本的に変えなければなりません。戦闘機は相手、敵を落とすことが任務です。敵機と戦い生還する。これがベストです。万

偵察航空隊司令 軍司雅人１等空佐。統幕の災害担当から偵空隊司令に。平時・有事の航空偵察の何たるかを熟知。取材後は南西航空方面隊に転出、幕僚長となった。

一、敵と刺し違えて帰還できなかったとしても一応目的を達成したことになります。しかし、偵察機は目標までたどり着いて情報資料を入手しても、その帰り道で落とされてしまったらまったく意味がないのです。必ず情報資料を持って帰らなければならない」

さらに、ＲＦ‐４ならではの過酷な現状があるという。

「現在、諸外国では航空偵察は無人機の使用が主流になっています。また有人偵察機でもデジタルカメラで撮影して、すぐにそのデータを伝送できます。しかしながら、われわれの偵察機の主要なセンサーである光学カメラはフィルムを使っていますので、データ伝送ができません。撮影したフィルムを持ち帰って初めて任務完遂です」

ＲＦ‐４が搭載している偵察カメラはフィルムで撮影し、現像・プリントするという、今や前時代化しつつある処理方式だ。このような事情から、偵察機乗りには戦闘機とまったく違うマインドが必要となる。

「慎重になりますが臆病になるわけではないのです。つねに先を予測して自分が必ず帰れるかどうかを考えなくてはいけないのです。敵機と出くわして、冷静さを失ってはダメです。そこから離脱して生還できる可能性を追求しなければならない。だから、臆病者と言われようが、さまざまな葛藤があっても敵と交戦してはいけないのです」

「戦闘機に乗っている時は、血気盛んで自分がいちばん強いという信念のもと、格闘空中戦に挑み、それで相手を1機でも撃墜して、万が一自分がやられてしまっても仕方ないで終わります。でも偵察機の私たちは、そのような行動は許されません。なんとしても生還しなければなりません」

すると、戦闘機とは根本的に飛行方法が異なってくる。

「飛行高度で比べれば、偵察機のほうが自分を守る術として、地球の丸さ、地表面の凹凸、山岳などの地形を、自機を隠す遮蔽物として利用するため低高度で飛行します」

空戦においては、自機の高度と機動力の高さが強さを発揮する。しかし、低高度で行動する偵察機では、高さの自由度を失うリスクが出てくる。つまり高度1万メートルならば、ぶつかる相手は敵機ぐらいで、もし機体に不具合が生じても、地上や海面に落ちるまで高度の余裕がある。しかし、高度数百メートル程度では一瞬で地表に激突してしまう。

「低高度はリスクをともないます。ちょっとした油断から、海面や山に激突する危険がある。高高度を飛んでいて敵に見つかっても敵を回避できる術があれば、もっと自由に行動できますが、RF-

4には、それを担保する有効な防御手段が十分ではないのです。だから飛行技術を高めて任務を遂行します。廊下などにも掲示してありますが、部隊のモットーは『見敵必撮』。敵を見たら必ず撮るです」

まさに空飛ぶ忍者である。

F‐4の退役とともに第501飛行隊は解隊する。同飛行隊がなくなると、今後の航空偵察任務はどうなるのであろうか？　そして、パイロットやナビゲーターたちの今後は……。

「偵察専用の飛行機はなくなります。代替の措置は検討中です。情報を扱っている者は、ここでの配置は解かれますが、同じ職域、職務はたくさんありますから、別の部隊や組織で活躍してもらいます。搭乗員たちは機種転換をして、パイロットやナビゲーター、またはその教官として飛び続けてもらいます」

マッハ2で飛ぶカメラ——第501飛行隊長今泉康就1佐

偵察航空隊でRF‐4を運用し、実際に偵察飛行をするのが、第501飛行隊である。

それを率いる飛行隊長が今泉康就《いまいずみやすなり》1等空佐だ。一般大学出身で、戦闘機パイロットになった。第301飛行隊でF‐4EJ改に約10年乗り、経験を積み、現在、第501飛行隊の第34代飛行隊長である。偵察航空隊のシンボルマークがウッドペッカーなのは、きつつきがそのくちばしで突っついて木の中に隠れた虫を器用に食べるように、隠れた敵を見つけ出して自らの獲物にするという意ではないか、と筆者は推測する。

隊長の方針はわかりやすく『一致団結』である。タックネームは「ウータン」。愛らしい名前だ。

「新人のころ隊舎を箒《ほうき》で掃除していた時、その様子を見ていた飛行班長が名付け親です。『お前、オラウータンみたいな恰好で掃除するんだな。タックネームはなんだ?』『まだありません』『じゃあ、オラウータンだ。いや、それでは長いからウータンだな』。それで決まりです」

凄まじい名付けの儀式だ。

偵察航空隊第501飛行隊隊長（取材時）今泉康就１等空佐。災害派遣で有名なRF-4、本質は戦術偵察。２度目はない、一発で決める。

「最初は、猿かとがっかりしたのですが、今ではウータンと言われても、この名の由来を知っている人は少ないので、いいタックネームだと思っています」

今泉隊長から、さらに偵察隊の任務について話を聞いた。

「偵察機は、できるだけ相手に気づかれずに目標の地点まで飛んで行き、サッと撮影して帰ってくるという行動が求められます。そのためレーダーに見つからないように、かなり超低空を飛んだり、低空を超音速で飛行したり、地形地物を利用した飛行をします。このあたりは空対空が任務の戦闘機にはない飛び方ですね」

次にどのように対象を撮影するのか、RF‐4の飛ばし方を聞いた。

「まず大事なことは目標に対して、自機をさらけ出す時間を局限しなければなりません」

偵察する目標に超低空で接近、そして極力短時間で撮影する。

「それで、またすぐに目標から見えない位置に一気に離脱する飛び方をしないといけないのです」

まさに一撃離脱ならぬ一撮離脱だ。このような機動は、戦闘機のACMでは学べないのではないだろうか。

「基本的な操縦の技術はF‐4EJ改で経験を積んでいますから、あとは超低高度飛行などを慣れさせていきます」

戦闘機が活躍する舞台である雲上の高空と、偵察機が飛ぶ超低空は違った空間だ。怖くないのであろうか？

「怖いです。要はいろいろな面で余裕がないのです。ちょっとした油断がすぐに事故に直結します。その緊張感は精神的にも肉体的にも疲労が大きい。だから、最初からいきなり、低い高度から始めるのではなく、段階的に訓練します。また海上と陸上では異なります。海は高度や位置を確認できる対象物がありません。逆に陸上では地形地物や障害物があるので、飛び方が違ってきます」

さて、問題はその先だ。ＲＦ‐４はミサイルや機関砲を発射するのではなく、爆弾を投下するのでもない。偵察写真の撮影方法はどのようなものか想像がつかない。

「基本的には、カメラのレンズを偵察対象に向けるために、飛行機の針路や姿勢を合せてやる必要があります。戦闘機の場合は、たとえばヒートミサイルが熱源を感知して飛んでいくように、あるいはレーダーミサイルが電波で敵機を捉えながら、敵機に向かって飛んでいくかたちをとります。そのために敵を早く発見し、相手よりも有利な位置につくという飛び方が必要です。ＲＦ‐４の場合は、基本的にカメラの方向は真下と真横と決まっています。機体をどれくらいバンクさせれば、撮影する目標が入るか。高度を上げれば撮影範囲も広くなる。高度を下げれば撮影範囲は狭くなるけど詳細な画像が得られる。どのような写真が要求されているかで飛び方を選択します」

つまりＲＦ‐４は最大マッハ２で飛ぶカメラなのだ。それでは前席のパイロット、後席のナビゲーター、どちらがカメラマン役をするのだろうか？

「カメラによってどちらでも撮れる場合と、後席でしか撮れない場合があります。カメラのことを、われわれはセンサーと呼びます。この操作は基本的に後席のナビゲーターが担当します」

Ｆ‐４戦闘機では前後席とも操縦資格をもつパイロットだが、ＲＦ‐４の後席は、偵察航空士と呼ばれるナビゲーターが搭乗している。

コクピットでは前席、後席の関係はどうなるのか？

「イメージとしては、テレビなどで観るラリーカーのドライバーとナビゲーターのやり取りと似ていますね」

ナビゲーターが次のカーブの曲がる方向や角度、その先の直線の距離を次々とデータブックから読み上げる。ドライバーはそれに反応して車を正確に走らせる。

「われわれは前後席ですが、あんな感じですね」

パイロットの的確な操縦で目的地に向かい、目標をナビゲーターが撮影する。もし万が一、撮影をやり直さなければならなくなったら、それを判断、決心するのは後席のナビゲーターになのか。

「そうです。確実にすべての条件がそろわないとＯＫとは言えません。状況が許せばリアタックできますけど、有事には、切迫した作戦中に失敗したからもう1回、という状況はあんまりないと思うんです」

有事を含め、あらゆる事態を想定して、高い練度と即応態勢を維持しておくことが大切だと、今泉隊長は話す。

「これまで偵察航空隊は、災害派遣時の活動がテレビニュースで紹介されたり、平時にはそのような実績が注目されるのですが、基本的には有事を想定しての訓練を日々重ねています。その時、遅滞なく行動して、与えられた任務を確実に完遂する。たとえば上陸してくる敵部隊の状況や海上から接近中の敵艦船を偵察します。作戦・戦闘の基礎になるのは情報です。そのための航空偵察の唯一の組織が偵察航空隊です。RF－4はウェポンを持っていませんし、任務は危険です。でもそれが仕事です」

自分の居場所を見つけた──坂本幸裕3佐

坂本幸裕《さかもとゆきひろ》3等空佐。タックネームは幸裕の「ゆき」をとってスノー。航空学生50期、42歳、飛行時間3000時間強のベテランである。

三沢の第8飛行隊、沖縄の第302飛行隊での勤務を経て、第501飛行隊に異動して7年半。坂本3佐は第8飛行隊から第302飛行隊に移ったのだが、そこで対地対艦攻撃を主要な任務の一つとする支援戦闘飛行隊から、空対空の戦闘飛行隊への転属を経験した。

「第302飛行隊に移ってみると、皆、空中戦の技術が高いなと思いましたね」

ならば、第8飛行隊で得意の低空域に誘い出して、空中戦に勝てばいいのでは？

「空中戦の訓練には制限事項があるんで、低空での勝負ができませんでした。低空を飛ぶのが好きなんですよ。何で？と聞かれたら、答えるのが難しいんですけど、ただ自分には合っているとしか言いようがないんですよね」

大空のサムライの中には、超低空のサムライも存在する。すると超低空を飛ぶ第501飛行隊のRF－4の任務は、自分の居場所に戻ってきた感じでしょうか？

「偵察機は似ているなぁと思いました。戦闘機といちばん違うのは単機で飛ぶのが多いことです。これまでは通常4機でしたから。まあ、単機のほうが気楽ですね」

低高度を隠れながら飛ぶ――元木酉己3佐

元木酉己《もときゆうき》3等空佐、41歳、航空学生51期。坂本3佐と同じく、第8飛行隊から第302飛行隊、そして第501飛行隊に来た。飛行時間は3500時間。タックネームはマイクロソフトのビル・ゲイツから取って「ゲイツ」。大物の名である。

「第8飛行隊での経験があったので、偵察機は違和感なく操縦することができました。戦闘機の任務は大まかにFI（Fighter Intercept：要撃戦闘）任務と、FS（Fighter Support：支援戦闘）任務とに分けられるんです。第8飛行隊の任務は、FIとFSの両方があり、私はどちらかというとFI任務に興味を持っていました。そして沖縄の第302飛行隊へ異動になりました。それからわずか4か月後に部隊移動で百里に来ました。そして2017年7月に第501飛行隊に移りました。今度は偵察機で低高度を飛ぶことになりました。でも、第8飛行隊の支援戦闘任務で低高度を飛ぶのとはやっぱり、やることが違います」

ベテランでも偵察機には戸惑う。

「戦闘機部隊は敵に発見されても、積極的に戦いに打って出るものです。ところが偵察機は基本的に敵に見つかったらダメなんです。だから私たちは低いところ、たとえば山の稜線があればそれに隠れながら目的地を目指します。その方法もいろいろとあります」

飛び方も違えば、目的も違う。偵察機の使命は攻撃ではなく撮影だ。

「後席のナビゲーターがセンサー、つまりカメラの操作をしてくれます。そして針路の確認など航法に関する事項を判断し飛行を補佐します。前席のパイロットは雲の状況など天候の判断、撮影するターゲットへの接近方法を状況に合わせ考えます。与えられた任務が違うのでＦＳとＦＩの経験がそのまま活かせるわけではないです。結局はどんな任務も場数が必要じゃないですかね」

偵察航空隊第501飛行隊 元木酉己３等空佐。RF-４は低空飛行が多いが、FS部隊の低空飛行と飛ばし方が違うと話す。

後席のナビゲーターとのコミュニケーションも大切だ。

「離陸直前、滑走路の手前で停止して、整備員が飛行機を最終確認します。ラストチャンスチェックです。その時に後席のナビゲーターと雑談することがありますね。ナビゲーターが後輩なら、この会話で緊張をほぐし、互いの意思疎通をよくする効果があります」

ナビゲーターの役割

ナビゲーターの中面啓太《なかづらけいた》3等空佐、航空学生55期、37歳。タックネームはピース。語り始めるとAIを内蔵したサイボーグのように見えた。すべてのデータを把握し緻密な計算を一瞬で処理し、正確な数値と答えを出す。その一方で軽くジョークも飛ばす。彼が後席に座っていれば、不安を抱えた新人パイロットでも空で迷うことはないだろう。まずナビゲーターになった経緯を聞いた。

「パイロットを志望して航空学生で入隊しました。パイロットの飛行教育は、防府（山口県）で地上教育のあと、T‐3練習機での初級操縦課程、そして浜松の第1航空団でT‐4練習機での基本操縦課程に進み、晴れてウイングマークを取得するわけですが、その課程のどこかで適性や成績、技量的な理由で、不適格と判定された場合、つまり『君はここまでだ』と教官から言われて、パイロットになれない。そこで終わりです。私の場合もそのケースでした」

パイロットを目指して学んできた者には過酷な宣告である。

「その時点でパイロットへの道は断念しましたが、飛行機に乗るのをあきらめきれず、航空士を選択しました」

航空士とはパイロット以外の航空機搭乗員のことで、空自では航法（ナビゲーター）、通信、機上整備または偵察などの任務を行ない、それぞれの専門教育を受け、偵察機や輸送機などで機上勤務につく。RF‐4の後席のナビゲーターは偵察航法幹部と呼ばれ、飛行中の監視や航法、事前の飛行プランの策定などを行なう。

タックネームはどのようにしてつけられたのだろう？

「教官から組織の一員として立派に任務を達成せよとの思いを込められて、ピースと名づけられました」

もう一人、ナビゲーターの鈴木《すずき》啓太《けいた》3等空尉にも話に加わっていただいた。鈴木3尉は航空学生66期、27歳。織田元空将が66歳なので、その差は40歳だ。F-4の息の長さが実感できる。

「私はおそらく全F-4部隊の中で最後の若手になるだろうということで、タックネームはルーキーとなりました」

偵察航空隊第501飛行隊 中面啓太３等空佐。福島原発事故では「自分の任務が状況把握に役立つ」と覚悟したという。

最後の、そして永遠の新人。いいネーミングだ。

ナビゲーターも飛行前点検はパイロットと同じように行なうが、偵察カメラを操作するので、そのあたりの点検を重点的に行なう。偵察写真はどのように撮影するのか、センサーであるカメラをどう扱うのか、中面3佐に聞いた。

偵察航空隊第501飛行隊 鈴木啓太３等空尉。航学66期出身。全F-4部隊で本当のラスト・ファントムライダー。

「まず目標に向かう経路を決定します。その経路上には複数の通過予定ポイントがあり、一定の速度で飛行して、あらかじめ決めた時刻にそこを通過していく。速度が一定だと目標上空には計画した時刻に必ず到達します」

ＲＦ‐４はデジタル時計のように正確に目標地点に接近する。空撮の経験が豊富な柿谷カメラマンが専門的な質問をする。

「予定した撮影高度に雲がある場合、雲の下に出て撮影するのでしょうか？　その判断はナビゲーターがするのでしょうか？」

時速千キロに近い速度で飛んでいる上空で躊躇している暇はない。

「基本的にそうした判断は、パイロットがしてくれます。場所にもよりますが、雲の下に入るのは山があったりする危険があります。後席のナビゲーターは地図を見ながら安全な飛行を優先して考えます。危ないと思ったらとめます」

ナビゲーターはつねに想定外のことを考えて答えを出す。階級や年齢の差に関係なく、何でも言える前席後席の関係がないとこれは成立しない。

「第501飛行隊のメンバーは、そのように心がけています」

RF‐4が、いよいよ目標地点に接近する。偵察カメラを作動させるのはどんなスイッチなのだろうか。

「後席のナビゲーターは押しボタン式です。前席には操縦桿にシャッターボタンがついています」

前後席どちらでも撮れる。また話がややこしくなった。

「後席には、センサーによってはどこを撮影しているか確認できる機材があります。しかし、基本的には後席のナビゲーターは目標の真上にいるかは肉眼では確認できません。前席には真下が見えるファインダーがあります」

偵察カメラを作動させるのは、どのタイミングになるのであろうか。

「偵察目標に達する数秒前からセンサーを作動させて、予定した写真を撮っていきます。これを推測航法に基づいて行なっていますが、これが基本です。ナビゲーターは確実に目標に到達できる技量を持っています」

目標点に到着する数秒前から、センサーはパイロットによって正確に向けられ、偵察カメラを作動させる。カメラに装填されているロールフィルムは百フィート以上の長さがあり、数十カットを連続して撮影できる。しかし、デジタルではないから、すぐに画像を確かめられない。もう1回、撮影しなければならない時もあるはずだ。

「そう判断したら、あいまいな状態で帰るより『もう1回』としっかり伝えます。パイロットは『了解』としか言いません」

航空偵察写真はパイロットとナビゲーターの一致協力が鍵だ。

「ナビゲーターは最善のプランを提示して、任務を達成するのが仕事です。たとえパイロットが偵察機の初心者であっても、安全に目的地まで案内していけるのが一人前のナビゲーターだと思います」

次はその災害出動の模様を見てみよう。

東日本大震災と福島原発事故

あの日、坂本3佐はRF‐4の機上で、ちょうど百里基地に着陸直前だった。地震のすさまじい揺れは百里基地も襲った。まずその被害状況を把握しなければならなかった。滑走路も安全の確認ができるまで使用できない。坂本のRF‐4は管制塔から上空待機を通告された。

「基地の周囲を旋回しながら待機していたのですが、もう燃料が残り少なかったので、早く着陸の許可を出してくれよと思っていました」

一方、地上では滑走路の安全チェックが終わり、離発着が可能になった。燃料が少ない機体から順番に着陸が開始された。坂本の乗機もようやく着陸できた。

すると、列線ではほかのＲＦ‐４が緊急で偵察準備を開始していた。フィルムマガジンがセンサーに装填され、増槽には満タンで燃料が注入されていた。エンジンをスタートすると同時に着陸ラッシュの終わった滑走路から、今度は次々と離陸していった。まさに有事と同じ緊張感が列線を支配していた。

坂本は自機から降りると第５０１飛行隊のブリーフィングルームに向かった。そこで初めて東北地方が想像を絶する状況になっていることを知った。ただちに災害派遣発令。それも最大級の航空偵察が必要とされていた。

坂本が震災の航空偵察に飛んだのは翌3月12日だった。

偵察航空隊第501飛行隊 坂本幸裕３等空佐。FI、FS部隊を経験し、F-４任務のすべてを知る。福島原発事故も偵察した。

「上空から見ると海の上は瓦礫と浮遊物だらけで、地上の町があった場所は何もなくなっていました……」

飛行隊からは、どこをどのように偵察をするか任務は与えられていた。後席のナビゲーターから指示された飛行ルートを坂本は飛んだ。だが、眼下の光景にどうしても目がいってしまう。凄絶《せいぜつ》な大津波の痕跡がそこにあった。その瓦礫の中からキラキラと反射する光が見えた。飛来した空自機に向かって誰かが救助を求めているように見えた。

「要救助者からの合図かもしれないと思いました。でも燃料の制限もあり、本来の任務もある。そのキラキラと光が反射する地点を見に行くことはできない」

坂本は機上で葛藤していた。しかし任務が優先である。

「あの時は泣く泣く所定の任務に向かいました」

坂本は1日に2回、偵察任務で飛んだ。

パイロットの葛藤を後席のナビゲーターはいかに対応したのか。ナビゲーターの中面3佐も緊張しながら連日、偵察任務で飛んだ。

「岩手周辺の海岸線沿いを撮影に行きました。何が何でも撮ってやるぞと任務達成に前のめりになると、危険を顧みずに行動することになりかねません」

ナビゲーターは感情的にならずに任務に専念しなければならない。仮に前席のパイロットが、何か見つけたぞと言ってきても、中面は冷静さを失わず、計画どおり航路を飛ぶように促す。

「われわれがフィルムを持ち帰らないと意味がないんです。無理をして事故を起こしたり、本来の任務を逸脱して、予定どおり飛行機が帰ってこなければ、自分たちの仕事を全うしたことにならないんです」

必ず帰還する、その基本を忠実に実行するのだ。

3月12日午後3時36分に発生した福島原発1号機の爆発事故は、さらに深刻な様相を呈していた。第501飛行隊はすぐに上空からの偵察を命じられた。坂本はRF‐4のコクピットにいた。首には今まで見たこともない器具をぶら下げていた。放射線を測定する線量計だ。

「その数値が少しでも上がったら帰って来いと言われました」

坂本は当時の戸惑いを思い出しながら語った。整備員が炊飯器ほどの大きさの緑色のタンクをコクピットの下に積み込んだ。パイロットの命を左右する液体酸素のタンクだ。坂本は口と鼻を覆うマスクを装着した。

「コクピット内の放射線の数値が基準値以下と確認されるまで、この酸素を吸い続けろと言われました」

すべてが初めての体験だった。核戦争が勃発して放射性物質で汚染された地域に行くのと同じだ。それに、上空を飛ぶ時に再び爆発があるかもしれない。

任務を終えて百里基地に戻ると、列線整備員、衛生隊の隊員たちは防護服を着ていた。RF‐4の周囲の放射線が測定された。基準値以下と判定されて、坂本はようやくキャノピーを開けた。フィルムマガジンが取り出されて偵察情報処理隊に急送された。

ナビゲーターの中面も原発の上空偵察を経験している。

「誰ひとり、嫌だという気持ちで行った者はいません」

しかし、そこは誰も経験したことがない環境だ。

「もちろん緊張しますよ。でも自分の撮った写真が、今後の対処活動の重要な判断材料になると思うと、迷いはありませんでした」

首からかけた線量計の数値はすぐに引き返さなければならない数値までは上がらずに百里基地に帰還した。

「着陸してフィルムを降ろして、自分も飛行機を降りて、オペレーションルームに帰ってきた。そこでようやく任務完了、安心しましたね」

次の命令が出るまで再び待機する。震災後の第501飛行隊のパイロット、ナビゲーターたちには、このような日々が1か月以上続いた。

3月14日午前11時1分、今度は福島原発3号機が爆発した。その少し前、坂本は飛行隊のブリーフィング中だった。

「少し離れた位置から原発を撮影してこいと言われました」

坂本はブリーフィングを終え、席を立った。

その時、「坂本3佐！すぐに来い！」と声がかかった。急いでブリーフィングルームに戻ると、テレビの画面には3号機が爆発する映像が放映されていた。

「この状況でいま行くの？というのが正直な気持ちでした。しかし、行けと言われれば行きます。

仕事ですから。でも撮影する前に、まず近づけるのか?と思いました」

坂本は、爆発直後の3号機上空を飛行した。福島原発に向かう機上で、後席のナビゲーターに思いを伝えた。

「本当に大丈夫なのだろうか?」

本音では心配だった。

「西風が吹いていますから、原発の東側を飛行するのはやめておきましょう」

とナビゲーターが冷静に答えた。

「了解」

坂本はなるべく高い高度を飛行しようとした。しかし、そこは民間旅客機の航路にあたるため、あまり高高度はとれなかった。

坂本は無事帰還し、そのフィルムは偵察情報処理隊に送られた。

「その写真が役に立ったのだったら、うれしいですね」

熊本地震に出動

「最近の災害派遣の実任務は熊本地震でした。偵察写真は基本的に真上から撮った垂直写真のオーダーが来ますが、どんな要求にも対応できるようにわれわれは準備しています」(今泉飛行隊長)

ほとんどの任務を単機で行ない、前席のパイロットと後席のナビゲーターが低空で「一撃必撮」を決める。

２０１６年４月14日午後９時26分以降に熊本県と大分県を中心に、最大震度７の地震が２度発生したほか、群発地震が続いた。偵察航空隊には、すぐに上空からの航空偵察が下令された。格納庫からＲＦ‐４が引き出されると、センサーの準備に取りかかる。

ＲＦ‐４の機首下部のカメラを収容する窓付き扉が開かれる。そこに列線整備員がフィルムマガジンを搭載する。最後にカメラ窓をていねいに拭いて、汚れが付着していないか確かめる。

ＲＦ‐４は次々と百里基地から離陸し、熊本に向かった。

Ｆ‐４の航続距離は、公開されたデータによれば２９００キロだという。百里から熊本上空までは約１０００キロ。十分往復できる距離だが、被災地上空での偵察のための滞空時間も考慮して、宮崎県の新田原基地と福岡県の築城基地を燃料補給のための中継ステーションに設定した。

上空から被災地の状況の撮影が終わると燃料の残量を確認。低空飛行を繰り返し、写真撮影を行なうと燃料消費が激しい。残量が少ない場合は新田原または築城で給油し、百里に帰投する。この時、ナビゲーターの鈴木３尉は、まだ災害派遣など実任務で出動した経験がなかった。

「ちょうどＦ‐４に乗り始める直前に熊本地震が起こって、初めて災害派遣で部隊がどのように動いているかを見ることができました」

それから2年あまり、鈴木は日々訓練に励み、今ではいつでもナビゲーターとしての責務を果たせる「ルーキー」になっている。

15　写真を読み解く——偵察情報処理隊

航空偵察の利点——偵察情報処理隊長大門博康3佐

次に取材する隊長の名前を聞いて筆者は興奮した。大門隊長——あの刑事ドラマ『西部警察』の団長と同じだ。大門博康《だいもんひろやす》3等空佐は迷彩戦闘服で片手に資料ケースを携え現れた。開口いちばん、

「いつも名前負けしているって、言われます」

偵察情報処理隊とは、何をしているところなのか聞いてみる。

「飛行隊が撮ってきた画像を処理し判読して、情報資料として提出するのが基本的な任務です」

大門隊長は、現職の前には衛星画像を扱う業務に携わった経験もある。

「衛星画像の利点もあれば、航空写真の利点もあります。空からの偵察はデジタル化など新しい流

れはありますが、航空機による偵察はなくならないと思います。衛星では、ずっと同じ場所を継続して見られないんですよ。衛星の軌道にもよりますが、時間にすると数分しか見られない。宇宙から地球の表面を11キロ四方、16キロ四方などの範囲でスキャナーによってわずか数秒で見るんです」

筆者は、劇画『エリア88』（新谷かおる作・画）で、米空軍が高高度戦略偵察機ＳＲ－71を開発していた当時、上空をソ連の偵察衛星が通過する時だけ急いで試作機を格納庫に隠したという記述を読んで驚いた記憶がある。

「現在でも多くの国が似たようなことをよくやっています。偵察衛星が軌道を定期的に回って来るんで、その時間帯だけ見られたくない物を隠します。だから、こちらが欲しいと思う画像が撮れるのが航空偵察の最大の長所です」

大門隊長が掲げる偵察情報処理隊の標語は「より早くより正確に最高の情報をユーザーに」である。

「偵察情報処理隊は半世紀近くの歴史がある部隊ですが、おそらく私が最後の隊長になるかと思います。最後まで最良の運用に努めていきたいですね」

偵察情報処理隊では、偵察機の出動が下令されるとともに準備が始まる。そしてＲＦ－４の帰りを待ち受ける。偵察機が戻って、フィルムが偵察情報処理隊に持ち込まれない限り仕事は始まらない。

「偵察情報処理隊は、映像処理小隊と映像判読小隊に分かれています。映像処理小隊はフィルムを現像して可視化し、映像判読小隊がその写真を判読・分析します」

偵察情報処理隊の力量がパイロットの安全にもつながっていると大門隊長は言う。

「有事の際、たとえば敵の艦船に接近すれば当然、相手は対空火器などで狙ってくる。落されないために、できるだけ遠くから情報をとれるように努力するんです。遠距離から撮影したものでも判読できるようにすれば、パイロットの危険度は下がる。だから、われわれの判読能力はパイロットの命に直結するわけです」

つまり敵から攻撃されない安全なところから敵を偵察できることになる。写真の判読能力は空自の貴重な戦力の一つでもあるのだ。

一刻も早く画像を提供——偵察情報処理隊の現場

大門隊長は資料ケースを開いた。

「私は2017年12月に着任したので、東日本大震災での災害派遣については直接知りません。しかし、当時の記録や撮影した偵察写真などから偵察情報処理隊の活動がわかります」

大門隊長は数枚の航空写真をテーブルの上に広げた。筆者は身を乗り出して、その写真に見入った。

「偵察機が被災地のほぼ全域を撮影しています」

偵察航空隊偵察情報処理隊隊長 大門博康3等空佐。RF-4が撮影した偵察写真を情報資料として完成させる部隊の隊長。

大門隊長は1枚の写真を指差した。

「たとえば、この橋は落ちています。ここまで津波が到達しました。こうしたさまざまな情報をJTFに送りました」

仙台に開設された陸海空自衛隊の災害派遣統合任務部隊の司令部がJTFだ。

「偵察情報処理隊では当時、処理作業が連日続いて、24時間態勢で任務にあたりました。私たちが一刻も早く画像を提供することで、被害の拡大を防ぎ人命の救助にもつながります」

大門隊長は、爆発した福島原発の写真を取り出した。

「これはなかなか過酷なミッションでした。当時、私は情報資料を要求し、受け取る側の市ヶ谷の航空幕僚監部にいました。時間が惜しいので、処理した写真をヘリコプターなどで百里から市ヶ谷まで急送させました。そして『今こういう状況です』と報告を上げていました。空幕においては、上級組織が必要とすれば総理大臣官邸まで報告できるよう準備をしていました」

　偵察情報処理隊の作業現場を見てみよう。

　撮影済みのフィルムは、まず映像処理小隊現像班に持ち込まれる。現像されたフィルムは、写真を判読するためのガラステーブル、各種コンピュータと電子機器が並んでいる映像判読小隊に持ち込まれる。

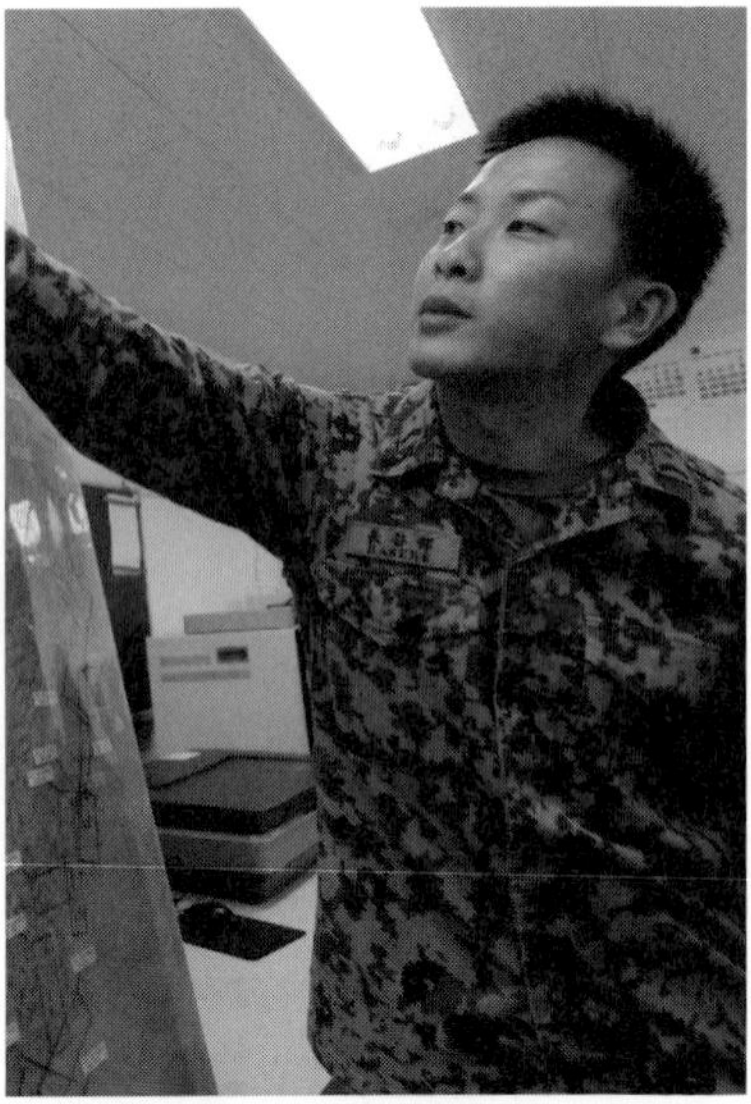

偵察航空隊偵察情報処理隊映像判読小隊 長谷部剛２等空曹。１回のフライトで撮影された千カット以上から必要な情報を判読する任務を担当。

　映像判読小隊で判読業務を行なっている長谷部《はせべ》剛《つよし》2等空曹は、RF-4に搭載されるカメラについて説明してくれた。

「センサーは大きく3種類に分けられます。いちばん解像度の高いものが光学画像で、可視画像ではいちばん高精細なセンサーです。赤外線画像は解像度は落ちますが、熱源を感知するので、火山噴火の際に有効です。東日本大震災時は福島原発事故で活躍しました、3つ目がレーダー画像です」

東日本大震災の時、偵察航空隊は獅子奮迅の活躍をした。

「連日徹夜で画像を作りました。震災発生から2週間は大変でした」（寶村勝《たからむらまさる》1曹）

偵察写真を情報化する最前線が偵察情報処理隊だ。

「地震発生の2時間後くらいから活動を開始しました。南は茨城県から北は青森県まで津波被害の状況を撮影しました。陸自災害派遣部隊から、この地域の写真が欲しいと要望があれば、すぐに対応しました。被災地全域を包括的に撮影し、上級部隊に報告を上げて、それをもとに陸自はこの道路が通れるなどの状況を把握します。偵察情報処理隊は、災害派遣の情報活動の一端を担った部隊になっていました」（長谷部2曹）

百里基地も被災した。停電の中、基地ではいち早く電力を復旧させた。そして偵察情報処理隊は、撮影した偵察写真を情報化して上級部隊に送り続けた。

「当初は全員で対処し、その後は交代で勤務しました。初めは被害状況をすべて把握するのが困難で計画的な活動ができず、陸自からここの写真が欲しいと要望があれば偵察機を飛ばし撮ってきて、中央にはヘリを飛ばして写真を空輸しました」（長谷部2曹）

現像されたフィルムは映像判読小隊に送られる。

「現像したフィルムは1000カット以上あり、映像判読小隊にあるライトテーブルの上で、その中から必要なカットを選びます」（長谷部2曹）

選んだカットは次に映像処理小隊印画分隊に渡される。暗室と同じ現像処理に用いる薬液の酢酸の刺激臭が漂う部屋で、焼き付けの作業が始まる。

「印画作業には、アナログ処理とデジタル処理がありま す。プリント作製は手焼きと呼ばれる手法で行ないます。引き伸ばし機で印画紙に焼き付けます。その画像は倍率を変えれば、2、4、8倍と拡大でき、非常に精細に見えます」（寶村1曹）

筆者も昔、趣味で撮ったモノクロ写真を引き伸ばし機を使ってプリントにした経験がある。今では昭和の思い出である。次はデジタル処理だ。

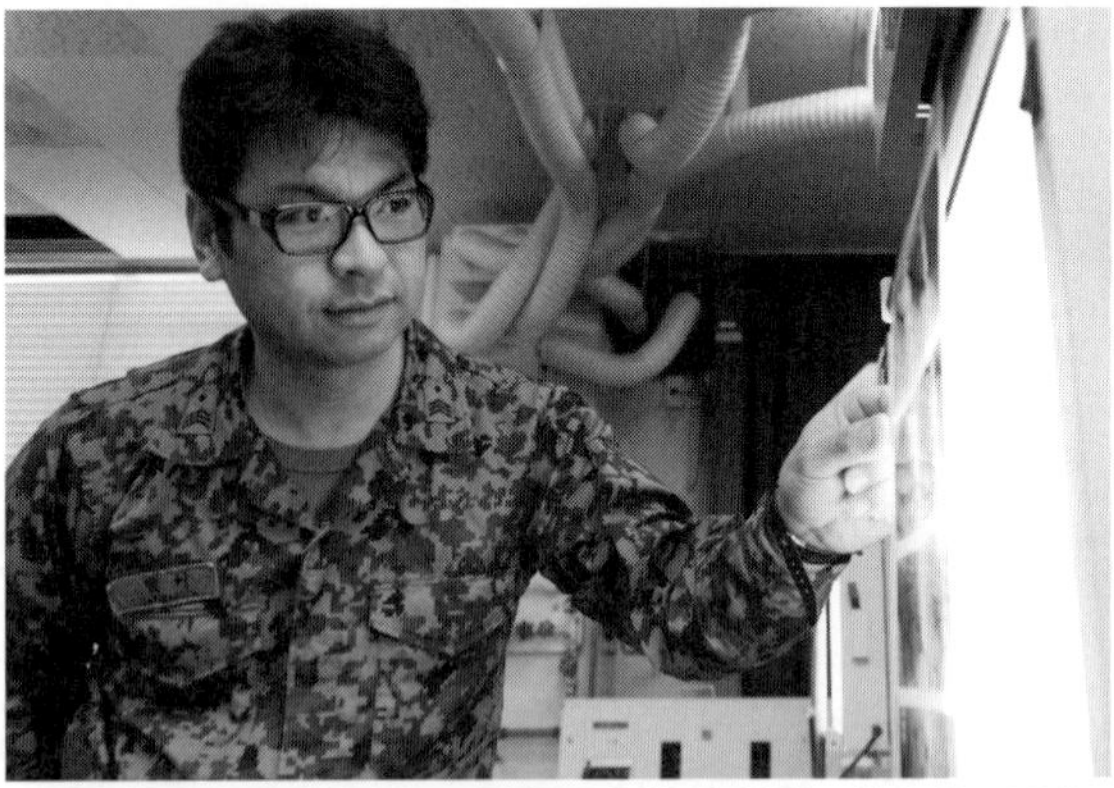

偵察航空隊偵察情報処理隊処理小隊 寶村勝１等空曹。現像班で処理されたフィルムを確認する。

「デジタルフィルムスキャナーで可視化します。ドイツ製の機材を用いており、精密なスキャンができます。最高で1800万画素です。アメリカ製のスキャナーもあり、これは使用する環境が設定されており、室内の温度は常にエアコンで管理されています。ドイツ製スキャナーの5倍の速度で読み取ります。デジタル処理は迅速に作業できますが、画質は少し落ちます。手焼きでプリントする方法は、解像度を落さずに高画質な写真になります」

今でも昔ながらの方式がいちばんなのだ。1枚の偵察写真はさらに偵察情報処理隊の手で加工される。モザイク写真と呼ばれる手法だ。

「精密モザイクと言っていますが、地図の上で複数枚の画像を貼り合わせて、航空写真に完成させます。デジタル処理した写真データを端末でつなげて、広い範囲を1枚の画像に仕上げます。最後はシータアナログHSという大型プリンターで紙に出力します」（今村真総《いまむらなおみち》3曹）

今村3曹は、常総市の水害の精密モザイク画像を取り出し見せてくれた。

2015年9月の関東・東北豪雨で、鬼怒川の堤防が数か所で決壊、氾濫して、市街地、とくに常総市に大きな被害を与えた。この時、自衛隊が出動しヘリで孤立した家屋から住民を助けたのは記憶に新しい。この時、第501飛行隊も出動し、航空偵察を実施した。

その偵察写真を見ると、ひと目で河川の氾濫地域がわかる。

「100カットをつなげた精密モザイクを製作するのに2週間かかります。300カットならば2か月です。ただ組み合わせていくだけなら6時間でできます。緊急性が求められる場合は簡単なモザイク写真を作ります。きれいな画像が欲しいといわれた場合は、2か月かけて精密モザイクを作ります。ネガは1枚ずつ濃度が異なり、色合わせも非常に難しく、ワンカットずつ補正して作ります。熟練の技を必要とします」（今村3曹）

この精密モザイクは映像判読小隊に送られる。

「こちらで精密モザイクを観察・分析します。そして、どこがどのようになっているという注釈を入れて、エリアごとに評定して報告を上げます」（長谷部2曹）

ここで初めて偵察写真は、画像という素材からインテリジェンスになる。

「判読は、紙焼きの写真とパソコンで画像を実際に覗き込んだり、さらに2枚異なるカットを並べて3D化して、たとえば火山噴火ならば、そこに写る煙、穴の深さなどを計測します。深さ何百メートルの火口とか、何十メートル山腹が崩れているかなど、細かいデータを測量します。これらを判読・処理して情報として出すまでの時間がかかりすぎれば、情報の価値が下がりますから、できる限り早い作業が肝要です」（長谷部2曹）

今村3曹は、衝撃的な偵察写真を筆者に見せてくれた。

「これが、福島原発の爆発した直後の画像です」

RF-4パイロットの坂本3佐が撮影した画像かもしれない。福島原発の建屋が爆発でグシャグシャになっているのが手に取るようにわかる。その写真にはメルトダウンする原子炉の熱を下げようと放水している消防車の姿が確認できた。あの事故現場では、地上も上空も必死に非常事態に立ち向かい、頑張っていたのだ。

「これが赤外線映像の写真です。熱源が白く光っています」（今村3曹）

原発は熱を発していた。さらに今村3曹は2枚の偵察写真を見せてくれた。

「こちらが手で貼り合わせたモザイク画像と、こちらがデジタル処理で作ったモザイク画像です。アナログの手法がなぜ残っているのか、おわかりになりますか?」

手作業で作製した精密モザイク画像のほうが、デジタル画像よりもはるかにリアルで高精細なことがわかる。

「デジタル画像はドット(点)で映像を再現します。手焼き写真のほうがきれいな画像になります。解像度がいちばん高いのは手焼きの写真です。それを手作業で貼り合わせた精密モザイク写真は作製に時間がかかりますが、高いクオリティで再現できます」(今村3曹)

カラーでやっても結果は同じなのだそうだ。今や一般社会では20世紀の遺物になりつつあるモノクロ写真が、21世紀の航空写真の最前線でデジタル技術に勝利している。この技術が失われずに継承されることを筆者は望む。

偵察航空隊偵察情報処理隊 今村真総3等空曹。現像班から受け取ったフィルムをカラー室でプリントする。

映像判読はマンツーマンで教える――岩切留美2曹

偵察情報処理隊には、多くの女性自衛官が勤務している。彼女たちがどのような活躍をしているのか、その現場を取材した。

映像判読小隊の岩切留美《いわきりるみ》2等空曹は、空自入隊19年、同小隊でいちばん長い経験を持つ。東日本大震災時は育児休業中で、子供を抱えて自宅では停電と水道が止まる事態も経験した。それ以外の災害出動ではつねに最前線にいた。

「映像判読は多くの経験を積んで、10年以上でようやく使えるクルーチーフみたいなことができるようになりました。日々技術や業務内容は進化しているので、そこは勉強しなければなりません」

映像判読では電柱の高さから山岳の地形まで、映像に写るすべてを見極めるには豊富な経験と知識が求められる。休日の映画鑑賞も映像判読の勉強だ。

「映画『13デイズ』は印象的でしたね」

キューバ危機の13日間を描いたこの作品には、たびたびRF-8クルセーダー偵察機が撮影した、キューバに作られたソ連のミサイル基地の偵察写真が登場する。

「見るものすべてが映像判読の基礎知識となります。テレビではヒストリーチャンネルをよく観ます」

このドキュメンタリー番組では『偵察写真が語る第2次世界大戦』がたびたびオンエアされている。もちろん筆者も観ている。しかし、岩切2曹は筆者のような興味本位の一視聴者ではない、偵察写真を扱う当事者だ。

「F‐4ファントムは格好いいなと私は思っています。斜めから見て、ちょっぴりお腹が見えているのが、格好いいところです」

F‐4で飛んでみたいと思わないのだろうか。

「飛んでみたいですけど、やはり搭乗員の職場なので神聖な感じがあります。T‐4練習機には一度後席に乗って飛びました」

その体験飛行も映像判読の勉強になっているはずであろう。

「役に立ちました。搭乗員がすごく過酷な環境で撮影をしているのが体感できました。搭乗員が命がけで撮っている写真がないと、私たちは仕事になりません。戦闘機の飛び方ではなくて、偵察機は山腹を縫うようにして飛び撮影します。災害出動の時は、できるだけ有力な情報につながる写真が欲しいと要求されると、かなり厳しい状況下でも飛行します。だから搭乗員に対しては、尊敬の気持ちをずっと抱いています。われわれは搭乗員の努力に報いるため、一生懸命やらないと失礼だと思っています」

映像判読小隊のクルーチーフは、RF‐4搭乗員とはどんなやり取りをするのであろうか？

「撮影前、撮影時、撮影後でコンタクトをとって、どのような天気だったか、どの方向から進入したのか聞きます。災害出動の時は、お互いに高度をどのくらいに設定するかを話し合います」

偵察航空隊偵察情報処理隊 岩切留美２等空曹。「どれだけ搭乗員が苦労して撮ったか、写真を見ればわかります」

映像判読はマンツーマンで教えるという。何から教えるのだろうか?

「まず地図と写真の合わせ方を教えます。次に、写真に何が写っているかです。災害であれば、川の氾濫、山崩れ、道路の寸断、建物の倒壊を発見しないとなりません。建物といっても、木造、コンクリート、また鉄筋なのか鉄骨なのか、そして平屋、二階建て、さらに高層の建物なのか。次にインフラ施設、ダム、橋、トンネル、それらについてすべての知識がないと、どこがどう壊れているのかというのがすぐにはわからない」

つまり、それがもともとどんな構造物だったのか、その情報がないと、どう壊れたか判別ができない。仮に電柱が倒れずに水に浸かっていた時、電柱の高さを知っていれば、水の深さがわかる。映像判読に必要な知識は広範多岐に及ぶ。

「さらに自然に対しての知識が必要です。広葉樹なのか、針葉樹なのか、竹林なのか?地図を見ればわかりますが、春夏秋冬、季節によって見え方がまったく違います」

日本の四季の自然環境も把握する必要がある。

「解像度が高いのはモノクロ写真ですが、災害時はカラー写真の要望が多くなります。カラーだと色からの情報がとても有効になります」

そして災害派遣ならば、その判読された情報が現地で活動する部隊に渡される。

「判読作業でいちばん辛いのは、わからないと、ずーっとわからないままなので、ちょっと気分転換のためにコーヒーを飲みに行ったりすることもあります」

偵察写真を撮らせたら名カメラマンの搭乗員がいるか聞いてみた。

「やっぱり、偵察航空隊司令じゃないですか」

司令の軍司1佐の顔を思い浮かべた。

「映像判読業務が、災害で被災された方々の役に立っていると思うと、すごくやりがいがあります」

一歩引いて全体を俯瞰する――松本典子1曹

松本典子《まつもとのりこ》1等空曹。大学卒業後、一般企業への就職が内定していたが、2001年に空自に入隊。当初は航空管制の職種に配属されたのち、現在の判読小隊に勤務する。

「自衛隊でしか経験できないことを多くさせていただいて、私の人生はとても充実していると思っています」

偵察航空隊偵察情報処理隊 松本典子1等空曹。「つねに一歩引いて俯瞰するよう心がける」。本質は空中戦と同じだ。

映像判読小隊が使う建物の一角には、つねに洗濯された白い布手袋が干されている。実はこれは小隊員の大切な「装備品」である。映像判読小隊は、長さ数百フィートにも及ぶフィルムを扱う。その表面に指紋や汚れが付着すれば画像の中の大切な情報を見落とす可能性がある。それを防ぐために、フィルムを扱う際は、必ず白い手袋を着用する。その手袋は官給品なので、自宅に持ち帰って洗うことは禁じられ、偵察情報処理隊の中で洗濯するのだ。

松本1曹の仕事について聞いた。

「偵察機が撮影してきたフィルムをまず映像処理小隊が現像します。次に私たち映像判読小隊にそのフィルムが渡されます。フィルムの幅は6インチと9インチがあって、長さが数百フィートもあるロールフィルムです。それを専用の機械にセットしてガラステーブル上で見ます。赤ペンを手に連続して送りながら、ここ、こことチェックしていきます。特定のカットを細部まで念入りに見ることもあります。使用するカットを指定して印画作業に回します」

ネガフィルムをチェックして、指定したカットを印画紙にプリントするのと同じだ。

「そうです。その写真を実態視鏡という専門器具を用いて立体的に可視化して細かく画像を見ます。主な仕事は、災害に関する調査や対処の準備などをやっています。たとえば、火山に噴火の兆候が現れると、いつ、いかなる事態が起こっても対処できるように、これまでに撮ったその火山のフィルムを見て事前の研究をしています。いちばん最近の実任務は熊本地震でした。救援活動に派遣される陸自に毎日、写真を提供して、どこに、どのような被害が出ているかなどの情報を出していました。その時は徹夜での作業や、あるいは数時間の仮眠をとって、また戻って勤務の繰り返しでした。東日本大震災の時、私はここにいませんでしたが、当時を知っている隊員から話を聞くと、連日ここに寝泊りして対応したそうです」

偵察写真の中から、何かを見つけるコツのようなものはありますか？

「視野が狭くならないように、つねに一歩引いて俯瞰するように心がけています。そうすると全体が見えてきます」

業務のやり方や技術は、怖い上司に怒鳴られながら学ぶのであろうか。

「私たちの職場の上司はとても優しく、親切丁寧に教えてくれます。ベテランの方に『これは、こっちから見てごらん、こういう風に見えるでしょ』と、適切なアドバイスをいただきます」

仕事で身につけたことがふだんの生活で役に立つことはありますか？

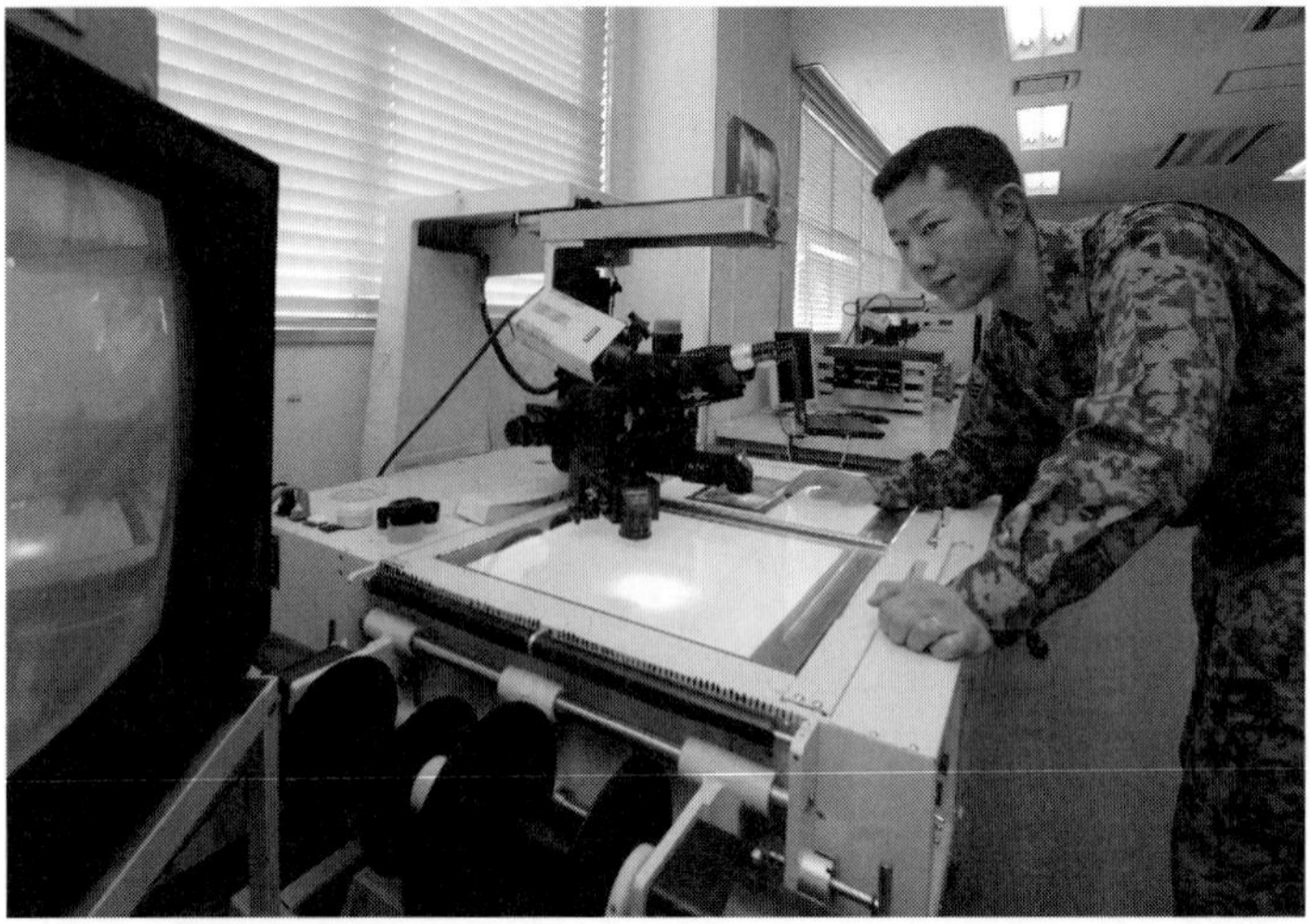

判読小隊判読員の佐佐木省吾空士長が偵察写真の内容を精査している。偵空のミッションの本質。彼の目に偵察飛行の成果がかかっている。

「地図を見るのが上手になったかもしれません。実際、偵察機は天候状況で飛行経路が変わったりして、撮影地点が計画と違ったりします。それを地図で照らし合わせる作業を日常的にやっているので、地理に詳しくなりました」

世界的なベストセラーになった『話を聞かない男、地図が読めない女』という本があるが、少なくとも彼女たちには、このタイトルは当てはまらない。

「それから旅客機に乗った時に、じっくりと窓から地表を見るようになりましたね。今、だいたい高度何フィートで飛行中かわかります」

「空気を読む女性」はどこの職場にもいるが、「高度を読める女性」は、そう多くはないはずだ。さすが航空自衛隊の「空女」だ。

映像判読小隊では何年くらい経験を積めば一人

前となるのだろうか。

「実際の業務で最初はマンツーマンで仕事を教えてもらって、与えられた任務を一人でできれば、一応、一人前なのでしょうが、判読には終わりがないと思います」

終わりはないとは？

「航空写真は、撮った角度、撮影時の飛行速度、季節などの条件でまったく違います。写っている対象物が、たとえば橋だとすると、鉄橋やコンクリート製など、いろいろ種類がありますし、太陽高度で影や反射する光で写り具合が変わります。自分の持っている知識や経験が多ければ多いほど、取捨選択の幅が広がって、情報の正確性が上がります。だから学ぶことが多すぎて終わりがないのです」

学ぶことに終わりのない仕事に出会えるのは、とても幸せな人生であろう。最後に日常生活について聞いた。

「起床から家を出るまで30分くらいです。メイクは見映えよりも実用性重視で、日焼け止めをばっちりと二種類使います。外での作業もありますから。家に帰ると、最初にすることは制服をきっちりとハンガーにかけます。作業服などは2〜3日に1回は洗濯します」

複数の写真を組み合せて一枚にする——山下千晴空士長

偵察情報処理隊で映像処理を任務としている山下《やました》千晴《ちはる》空士長。偵察情報処理隊には女性自衛官は6

人。山下空士長の小隊には3人いる。ほかの部隊に比べると女性の数は多い。

「仕事はフィルムを現像し、スキャナーで読み込んでフォトショップで加工して、紙に出力するのが作業の中心です。一日中、パソコンで加工する作業をしていると、目が疲れてきます。だから、時々遠くを見るなどリフレッシュしています」

どんな作業をしているのだろうか?

「多数の航空写真のカットをパズルみたいに組み合せてつなげ、一枚の写真にする作業です。航空写真は結構歪みがあるので、機械でこれを自動修正するのは難しいと思います」

偵察写真を紙に出力するプロセスでも自動化できない作業がある。

「市街地や道路をつなげていくのは簡単なんですが、山や海など自然の地形、地物は大変です。山は次のカットで木の傾きが違っていたり、海は波の形が全然違います。だから、そこをうまく違和感なくつなげていきます。加工のテクニックは、自分自身の工夫とセンスが求められます。昔、仕上げた写真と見比べると、今は少しは上達したかなと思います。1年くらい練習してようやく使える写真ができるようになりました」

失礼な質問かもしれないが、グーグルマップを使えば便利で、もっと簡単ではないかと思ってしまう。

「使わないですね。紙の地図をスキャナーで読み込んで、その上に写真を載せていく方法で処理しています」

その作業は一人で仕上げるのだろうか？

「モザイクの加工は一人で作業し、1日8時間で5、6カットを仕上げます。もちろん災害出動、最近では熊本地震の時は、泊り込みで徹夜が続きました」

ここは一般の会社ではない。航空自衛隊だ。山下空士長の目標は何だろう？

「今よりさらにきれいな写真を作れるように努力しています」

航空自衛隊に入ってよかったと思うことは？

「災害時の対応で、自分が加工した写真が国民の皆さんために役立っているかなと思う時です」

偵察航空隊偵察情報処理隊 山下千晴空士長。写真をPCで処理する仕事を担当。彼女の目が隠れた情報を逃さない。

性格的に一つのことをコツコツ続けるのが好きな山下空士長に、偵察情報処理隊の仕事は適任だと筆者は思う。その偵察写真を撮ってくるRF-4ファントムをどう思うか聞いてみた。

「後ろ姿と翼の形が好きです。自分にとっては同僚のような存在ですね。ふだんはじかに接することはないんですけど、RF-4が写真を撮ってきてくれるので、自分の仕事があります。Ｆ‐４に乗ってみたいですが、実は高所恐怖症なんです。でも航空自衛隊は格好いいので入隊しました」

確かに空自は格好いい。百里基地での生活を聞いた。

「今は営内居住で、トイレ掃除の当番は週2回、お風呂掃除は毎日、仕事が終わってからやっています。それが終わり、隊舎の居室に帰ってからの時間は自分の趣味に充てています。前から外国語に興味があって、フランス語を勉強しています。難しいですけどフランスにはいつか行ってみたいです。居室は二人部屋で、今は後輩と同室で、それほど気を遣わなくていいので楽です」

空自は朝が早い。再び朝が来ると、山下空士長はパソコンの前で写真の加工を続ける。さらにきれいな画像を作るために……。

いちばん格好いいＲＦ‐４――工藤はるか空士長

工藤《くどう》はるか空士長は映像処理小隊現像班に所属する。

「ＲＦ‐４は、想像以上に機動性に優れ速度も速く、アクロバット的な飛行も結構できるので、航空祭などで見ていてもいちばん格好いいと思います」

偵察機が撮影してきたフィルムを現像して、ネガにするのが現像班の仕事である。工藤空士長は、現像班にはこの取材の数週間前に配属されたばかりだ。その前は2年間、映像判読小隊にいた。

熊本地震の時は、休養日の予定を急きょ取り消して、出先から職場に駆けつけた。現在は営内居住で、基地内隊舎の二人部屋で先輩とともに暮らす。睡眠時間は6～7時間だという。6時に起床し、基地内の食堂で朝食をとって出勤する。

「空自に入って食事が早くなりました。教育隊の時は、5分くらいで食べなければいけなかったので」

早飯は自衛官の得意技の一つである。

「夕食の時刻も早く午後5時です。だから、夜はお腹空いちゃいますね。部屋に帰ってからお菓子を食べちゃいます」

偵察航空隊偵察情報処理隊 工藤はるか空士長。空自最後の航空フィルムを扱う部署。歴史的な瞬間が彼女を待つ。

隊舎に帰ると、最初にやるのは入浴だ。

「共同生活なので大浴場に皆で入ります。でも時間が遅くなると午後9時少し前にお湯が抜かれてしまいます。だから夕食を済ませたら入浴ですね。隊舎にもキッチンはありますが、簡単なものを作るくらいしかできません。消灯時間は決まっています。本当に生活は規則正しくなりました」

共同生活は不便なことも多いのではと思う

が、そうでもないという。

「同僚たちと職場も部屋も一緒なのは、わずらわしいと思う人がいるかもしれませんが、悩みや困ったことがあってもすぐに誰かに相談できるよい環境です。同じ部隊の同僚だけでなく、ほかの部隊の先輩に相談することが大事だと思います。別の職種の女性隊員と仕事や趣味の話をするのが楽しいです」

プライベートはどう過ごすのか聞いてみた。

「学生時代に比べたら、おしゃれに気を使うよりも、たとえば靴も足をくじいたりするのが怖いので、高いヒールは避けて、履き慣れたスニーカーが多くなりましたね。基地では好きな時に好きなものを食べられるわけではないので、休日には自分の好きなものを食べに行きます。基地ではさすがに出されない、お寿司などを食べに行きます」

趣味を聞いてみた。

「映画鑑賞です。映画を観ていると、どんなカメラでどのように撮影しているのか、すごく気になります」

やはりすべては映像の勉強になっている。休日の趣味の時間も、任務に役立つ知識を吸収している。

ファントムは生活の風景の一部──音成良子2曹

偵察情報処理隊総括班の音成良子《おとなりりょうこ》2等空曹。佐賀県出身。「飛行機、格好いいな」というのが空自入隊の素朴な動機だった。以来25年、百里基地で勤務するベテランである。

「ここでは偵察情報処理隊の総括班、一般の会社でいえば総務みたいな仕事をしています」

百里基地でいちばん好きな風景を教えていただいた。

「筑波山をバックに管制塔、そして飛行機が動いていて、夕焼けが見える風景がいちばんお薦めで私は好きです」

F-4をどう思うか聞いた。

「ちょっと前までF-15がいました。F-15とファントムは、私の中では生活の風景の一部になっています。私はファントムの、あのどっしりとしたフォルムが大好きです」

偵察航空隊偵察情報処理隊総括班 音成良子2等空曹。「航空機は書類で飛ぶ」。音成2曹の仕事はまさにそれだ。

日常の中で、いちばん幸せを感じる時間を聞いた。

「お昼御飯ですかね。私が20代の頃は、まだ昭和の香りがする銀色のステンレス製の大きな大盛りが似合う食器でした。さすが自衛隊だな、なんて思い出があります」

総括班はどんな仕事をしているのだろう

か。

「書類などの整理、文書を上級部隊から受け取り、必要な部署の隊長に伝達したり、所要の調整などをします。文書の受付、配布、提出をしています」

すなわち部隊や組織間をつなぎ、円滑な業務運営に欠かせない役目を担っている。

「毎日10時30分と14時30分に命令受領があって、いろいろな上級部隊から書類を受領します。それを関係する上司や部署に配布するのが一日の中ではいちばん忙しい仕事です」

東日本大震災、熊本地震などの災害対処時、総括班は何をしているのだろうか。

「たとえば上司から水、食事の用意を命じられたら、その手配をします。そのために第7航空団の必要な部署と調整します」

後方支援がないと、現場は動かず戦えない。

音成2曹は休日どう過ごしているのだろうか。

「図書館に行って、実用書などを広く浅く読みながらのんびり過ごすのが好きです。自衛隊に勤務してよかったなと思うのは、人の役に立つ仕事をしていると感じることが多いことです」

風景の一部となっているRF-4はもうすぐ退役する。

「長く付き合った仲間ですから、ものすごく寂しいです。ほんと泣いちゃいますね」

16 創意工夫でやりくり――偵察航空整備隊

ある物を組み合わせて対応する――偵察航空隊整備隊長・藤原肇2佐

ＲＦ－４パイロットやナビゲーターは、整備小隊に対してどう思っているのか聞いてみた。

「整備小隊が毎日、飛行機を手入れしてくれるんで、絶対の信頼を寄せています。もちろん故障はあります。しかし、そこには対処の手順があります。だから飛行機が古いからといって、不安を抱えながら飛ぶことはありません」（中面3佐）

最後のファントムライダーである中面3佐は、自分より2倍の年齢の戦闘機に乗る。

「整備小隊はしっかりとやってくれています。完全に整備された安全な状態という認識で乗っているんで、不安を感じたことはないです」（鈴木3尉）

空自の仕事は掛け算、一つ欠けても結果はゼロになる。柏瀬団司令の言われたとおりだ。その偵察整備隊を取材した。

偵察航空整備隊長の藤原肇《ふじわらはじめ》2等空佐は防大出身で現在41歳。飛行機が好きだったので航空自衛隊を希望したが、子どもの頃に喘息を患っていたため、パイロットの適性はなかった。飛行機のそばで働きたい。その答えが整備だった。

喘息を克服するため、子どものころは水泳で体を鍛え、防大時代は陸上部で幅跳び競技に専念した。2017年には初のフルマラソンに挑戦し完走した偉丈夫だ。

マラソンの成果は、機体整備作業で長時間の立ち仕事もまったく気にならなくなったことに現れているという。

防大卒業後、通信などを専門とする機上電子幹部になった。最初に小松基地のF‐15部隊に無線担当として配属。次は浜松基地の早期警戒機AWACSを担当。AWACSとは空飛ぶレーダーサイト、最先端の電子機器の巨大な塊だ。その後、補給本部などを経て偵察隊へ異動した。

「最初は戸惑いもありましたね」

藤原整備隊長は快活に笑う。

「ここには、もちろん部品もないですし、人も少なくなってきています。ではその中でどうする？という状況です」

F-15の部隊だと、電子部品のある部分が悪ければそのまま交換することが多い。ところがF-4はそうはいかない。電子装置を分解して、また分解して、細かい部品を交換する。しかし簡単には交換できない。

その細かい部品はそれぞれの機体ごとに個性があって、その細かいところまで整備員は把握しており、だいたいこうすれば直ると判断して整備しているという。ここまでくると、漢字では「治す」が表現として適当な気がする。

「そういう意味では1機ずつ愛着があります」

偵察航空隊偵察整備隊長 藤原肇2等空佐。予備部品の確保に悩むという。最後まで安全意識を高く持っている。

藤原隊長の掲げる指導方針は「創意工夫」。新品が手に入らなければ、そこにある物を組み合わせて対応する。

「F-4の部品には、現在では製造していないものもあります。たとえば古いコンピュータ、カセットテープレコーダーが壊れても、修理したり同じ品を入手できない。それと同じです。自作はできませんけど、古い部品二個を一つにしてみたりして何とかやっています」

駐車場の片隅に置いてある用廃になったF‐4は宝の山だ。

「今やスマホ、カメラ、パソコンなど壊れたら、すぐに新しいのを買えばいいというご時勢です。昔は自分のパソコンのハードディスクが壊れても、自分で直せるんだったら、分解して直していました。その経験が役に立っています」

藤原隊長のF‐4整備術は、基地の中だけにとどまらない。

「自宅の官舎でも、家電品などが壊れると、分解して自分の手で直してみようとなります。この前は、水まわりの不具合を、ホームセンターで部品を買ってきて修理しました。飛行機の部品のように特殊な部品を使ってないので、外でパーツが買えるからいいですね」

F‐4だけでなく、藤原隊長は生活すべてに「創意工夫」の精神を実践している。

偵察機と戦闘機は整備上、どこがいちばん違うのだろうか？

「戦闘機は主要な武器であるミサイルの性能発揮が整備のポイントになります。しかし、偵察機は主要な装備がカメラ。いかにきれいな写真が撮れるか、そこが整備するポイントになります」

センサーと呼ばれるカメラ、それが偵察機の命だ。

「そのカメラには低い高度で撮れるパノラマカメラ、高高度用のカメラ、または長距離用の望遠カメラ、火山の噴火などで表面から見てもわからない温度変化を捉える赤外線カメラ、そのほかレーダ

着陸したばかりのRF-4E。機首に備わるKS-127A長距離側方カメラのフィルムを交換する様子。

ーカメラなど多種類あります」

どんな事態にでも対応可能だ。

「それらのカメラは従来からのフィルムを使っています。だからフィルムがうまく送られずに途中で止まったり、機材の故障でフィルムが感光してしまったり、ファインダーとカメラ本体の軸がずれてしまうなど、写真がうまく撮れない不具合が発生することもあります。危険を冒して撮りに行ったのにダメだったと言われることがないようにきっちり調整して、鮮明に撮れるようにするのが使命です。カメラは内部までていねいに整備しますす。カメラの作動には温度も影響しますし、結露などはとくに注意します」

最後の仕上げは、センサーを収容しているカメラ窓だ。そこは秘伝の磨き方できれいに仕上げるという。

退役しても特別な飛行機――整備小隊・宍戸美帆2曹

偵察航空整備隊の若い隊員たちは朝五時には出勤してくる。建物や施設の開錠や機材のチェックなどがあり、朝は早い。その日のフライト計画に従って機材や物品をチェックする。整備小隊、武装小隊、機上電子小隊で、それぞれ朝礼が行なわれ一日が始まる。

その各小隊に勤務する3人の女性整備員から話を聞いた。

宍戸美帆《ししどみほ》2等空曹は入隊して24年。F-4ファントム初号機が空自に導入されたのと同じ1974年生まれである。

「F-4はまだ現役で、よく頑張っているなと思いますね」

空自に入隊した19歳の時、最初の職種がF-4の整備だった。

「第1術科学校に入校して、整備員になるために勉強する課程があるんです。そこで当時の教官が『F-4部隊に女は行くな。ほかの飛行機に比べて力仕事が多いんだ』といきなり言われました」

来てしまったからには、やるしかないのが自衛官である。

「ほんとに体力勝負です。たとえばタイヤが重い。タイヤ交換時に男性は軽々とやるんですけど、これが大変で。それから着陸時に開くドラッグシュートがありますが、使用後、新しいドラッグシュートを垂直尾翼の下部の収納筒に入れて、蓋を閉めるんですけど、それがまた力が要るんです」

列線整備員は各自がプロだ。誰かが手を貸すことはない。

「19歳の時に初めてやって、あっ閉まらない。男性はたやすく閉めているのに、これは困ったなと思って苦戦しながら作業を続けていましたが、教官も見ているだけで、誰も手伝ってくれませんでした」

19歳の新人には辛い。結局どうなったのかと聞くと、

「自分で閉めました。整備作業は初めはすべて怖かったです。もう慣れるしかなかった。でも整備していると、作業に集中するあまり、自分の周囲に注意が回らなくなるんですよ。すると危険なところに近づきそうになることもある。そんな時は周りがちゃんと止めてくれました」

24年前、F‐4の整備小隊には女性隊員は少なかったのではないだろうか。

「私が来た時には女性の先輩はいました」

偵察航空隊偵察整備隊整備小隊 宍戸美帆2等空曹。「F-15はそうでもないですが、RF-4は旦那と同じくらいカッコいい」

漫画やドラマなどによくこんなセリフがある。「ここは女が来る所じゃねーんだよ」。そんなシーンはあったのであろうか。

「そこまで厳しくなかったですが、まったくないわけではありませんでした。正直言うと、私は仕事ができないほうでした。男性が一度でできることも私だと時間がかかる。『遅せぇーよ』と言われるんですけど、人の倍の時間を使ってもやるから、待っててという強い気持ちでがんばりました。周りもすべてわかったうえで育ててくれるんで、必死についていきました」

やるべき仕事はやる。それがF‐4ファントム・スピリットだ。

「整備員の仕事は表面上、男だから女だからという差はありません。特別扱いされることはなかったですね」

その後、総務に異動になり、同じ職場だった自衛官と結婚。それにともない再び整備小隊に異動した。41歳の二度目の新人である。

「この歳でまた力仕事をやるのかと、整備に戻った当初はしんどかったですね。RF‐4は、機体、翼の下、何を点検するのも中腰が多いんです。正直きついです。腰にきましたね。帰ってからのお風呂が長くなりました。それから作業中、独り言が増えました。自分では意識せずに気合いを入れたり、溜息をついたりね」

RF‐4が退役する日も近い。

「RF‐4は、私の中ではとても安定感のある飛行機です。どっしりとした印象があるのがいいですね。最後までよく頑張ってくれました、お疲れさまですね。主人も同じ部隊でRF‐4と付き合ってきた人なので、思い入れは私以上にあると思います。最後まで、そして退役しても特別な飛行機なんじゃないかと思います」

そんなファントム夫婦がいたからこそ、RF‐4は頑張ってこられたのだ。

最もやりがいを感じる瞬間——武装小隊・古家陽子2曹

F‐4EJ戦闘機を偵察機に転用したRF‐4EJは、機首の20ミリ機関砲がそのまま残され、センサー類は機体下部のセンターポッドに搭載する。このためRF‐4EJは増槽が両翼下に2本しか懸架できず、航続距離が短い。その代わり武器は20ミリ機関砲とミサイルを搭載している。

「災害派遣などでは武装する必要はありませんが、有事の戦術偵察任務では敵が写真を撮られたくない場合、攻撃してくることもあります。それでも、こちらは撮影しなければならず、もし危険な状況になれば自分で身を守らなければならない。偵察機の武器は相手を撃ち落とすためというより、こちらが無事に生還するための防衛用です。整備隊としては、帰ってきてまたすぐに行くぞとなれば、もう1回必要な機材を準備できるように訓練しています」（藤原整備隊長）

偵察整備隊武装小隊の古家陽子《ふるいえようこ》2等空曹は18歳で空自に入隊。28年目のベテランだ。1996年から百里基地に配属され、武器弾薬整備員ではあるものの、主に総務の仕事をしていたが、２０１６年9月から同小隊武器分隊に配置になった。

「小隊のことをショップというんですけど、ショップごとにカラーがあります。武装小隊はどちらかというと穏やかで、戦闘機部隊の武器小隊とは対照的だと思います。武器弾薬員はどこも闘魂があふれていますけどね」

偵察整備隊武装小隊は武器分隊とレーダー分隊で構成されている。

「偵察機は、敵の攻撃に対して防御的な装備を搭載しています。ミサイルで攻撃された時、ヒートミサイル（熱線追尾）にはフレアーという熱源になる花火のような囮の発火物を発射します。レーダー誘導ミサイルに対しては、チャフという追尾してくるミサイルの電波を妨害する薄い金属箔を発射します」

偵察機は忍者だ。まずは防御的手段で敵から逃げる。しかし、選択肢がない時は迎撃しなければならないこともあり得る。

「ＲＦ‐４ＥＪには、20ミリ機関砲とミサイルを搭載しています。ミサイルはヒートミサイルを搭載できます」

武器分隊はその武器をＲＦ‐４ＥＪに搭載するのが列線での仕事だ。

「偵察機に機関砲弾を搭載することはほとんどありませんが、20ミリ弾は重いです。搭載する時は連結した弾を機体の装塡口に引っかけて、モーターでドラム型弾倉に巻き込んで装塡します」

ミサイルはどう搭載するのだろうか。

「ミサイルは最初から1本の完成品ではなく、複数の部品に分かれていて、それを組み立ててミサイルの形にします。部品は火薬類を安全に保管する弾薬作業所にあり、必要な時に組み立ててRF-4に搭載します」

列線での搭載方法はどうしているのだろうか。

「ミサイルは4人で運びます。いちばん後ろにウイングという大きな羽根が4枚ついていて、そこがいちばん重いのです。だから身をかがめながら、RF-4EJの主翼の下に運んでいく時、ここを支えるのは男性にお願いします。男女の体力の差は必ずあるので、重量物に対しては、まず無理をしない。女性が一人で持てない時は、意地を張らず『重いので手伝って下さい』と声をかければ、男性隊員は『ダメだ』なんて言いません。クルー全員で一致協力して、安全第一で作

偵察航空隊整備隊武装小隊 古家陽子2等空曹。チャフ、フレア、20㎜機関砲、AIM-9、RF-4の武器を扱うカッコいいお母さん。

698機生産されたRF-４B/C/E。これに日本独自のRF-４EJを加えても世界に残るRF-4は日本の13機とイランの４機だけ。「RFファントムよ、永遠なれ！」

業するようにしています」

整備隊員はぎっくり腰になったりしないのだろうか。

「腰は皆な痛めがちです。だから各自が筋トレをやったり、腰ベルトを巻いて予防しています。私は幸いぎっくり腰をしたことはありません」

ミサイルをＲＦ－４ＥＪに搭載する時は、どのような手順で行なうのだろうか。

「ミサイルは１本90キロあります。ＲＦ－４ＥＪはミサイルを主翼の下に取り付けます。機体に接近するには、燃料ホース、アース線などが機体の下にありますから、『ホースあるよ』『足もと気をつけて』と声をかけながら、ミサイルを抱えて移動します。ミサイルを取り付ける位置が比較的

低いので、胸の位置にミサイルを抱えて搭載位置まで移動し、ミサイルのレールに声を合わせて『寄せてー』や『オープン』と合図してロックを外したあと、息を合わせてミサイルをスライドさせるなど、一つひとつの動作は声をかけ、確認しながらミサイルを搭載します」

戦闘機が武装して戦力となるには、このクルーの人力がまず最初の一歩なのだ。

「態勢移行訓練という有事を想定しての訓練があります。それは部隊を平時の運用態勢から作戦可能な状態にする即応訓練です。すぐにも飛行機を発進させなければならない時はスピード勝負です。ミサイルを何分で組み立てて、何分で搭載するという目標はあります。早ければ早いほどよいのですが、安全第一、事故防止が鉄則です」

ミサイル、チャフ、フレアーを搭載したRF‐4が列線から移動を開始して、滑走路の端に移動する。そこで、整備員とパイロットの間でラストチャンスチェックが行なわれる。

「離陸直前に、チャフ、フレアー、ミサイルの安全ピンを抜きます。抜いたピンの数をパイロットに示します。『3本抜いた』とそれを見せます。するとパイロットが『ピン、OK』とサムアップしてくれます。この一連の作業が私は大好きです」

パイロットは3尉以上の幹部自衛官であり、曹士から見れば雲の上にいるような階級の上級者だ。それが上級者から先に敬礼してくれる。ピンをかざしている者は、敬礼ができない。そこでパイロットが先に敬礼してくる。ファントムライダーの優しさである。

「飛行機が無事に帰ってきて、滑走路端で再び安全ピンを差して『ピン装着、OK』と合図すると、パイロットも了解の合図を送ってくれます。最も仕事のやりがいを感じる瞬間です」

こうした小さな積み重ねが、整備員とパイロットの信頼関係を築き上げていく。

「飛行後、記録簿に『異常なし、ありがとう』と記入してくれるパイロットもいるので、それを見た時も自身の任務達成を実感します」

仕事を離れると何をしているのだろうか。

「空自に入ってから、部活動でサッカーをやっています。空自のフットサルの大会にも出場しました。ふだんは慎重のうえにも慎重にミサイルを扱っているので、力いっぱいボールを蹴るのは、いい気分転換になりますね」

女性自衛官としての日常はどんな様子なのだろう。

「やはり女性なので身だしなみも大切で、朝のメイクの時間は10分ほどかけます。非常呼集がかかった時はスッピンのままで駆けつけるのは気後れしますが、急を要する場合は容姿や外見などに気を使っていられないのが自衛官の仕事です」

任務に忠実な古家2曹は主婦でもある。

「家に帰ったら、まず夕食の準備です。入隊して最初に勤務した部隊に主人がいて職場結婚しました。男性隊員は洗濯、アイロンがけ、掃除、まめな人は料理もできますから結婚相手にお勧めですよ」

ファントムの退役する日が近づいている。

「F‐4が配備されて47年、私が46歳。私が生まれた時から働いている飛行機です。できることなら、いつまでも飛び続けてもらいたいですね。退役の日を迎えるまで、整備事故を起こさない、整備中に怪我をしないことが私の務めだと思います」

空飛ぶおじいちゃん――武装小隊・榎本歩空士長

2011年4月、東日本大震災直後、取材に訪れた松島基地では被災した住民に風呂を提供していた。その「松島の湯」と名付けられた入浴施設の前に、C-1輸送機で南国から運ばれてきた桜の花が活けてあった。大災害の中で、そこだけ明るい雰囲気があった。風呂の利用者がその桜を見て、心をなごませているのを筆者は目撃した。

そんな明るい雰囲気が榎本歩《えのもとあゆみ》空士長にもある。福島県の出身で、東日本大震災での自衛隊の活動が彼女に進路を示してくれた。高校卒業後、空自に入隊。

「ブルーインパルスが好きで、よく航空祭にも行きました。それから以前、放映されたテレビドラマ『空飛ぶ広報室』を観て、あの制服が着たいというのもきっかけになっています。新隊員教育後の部隊勤務はずっと百里です。思ったより華やかな職場ではなかったのですが…。自信を失いかけたこともありましたが、すごくやりがいのある仕事なので、航空自衛官になって後悔はありません」

整備小隊の宍戸2曹が「ファントムのタイヤは重たい！」と言っていた。ミサイル、20ミリ機関砲の弾薬も軽くはないはず……。

「重い機材も多く、最初は一人で挑戦するんですけど、運べないものもたまにあって……。やはり小隊はほぼ男性ばかりなので、体力の差が出てしまいます。それをカバーするため筋トレなどで体力づくりに努めています。先輩の古家2曹にはいろいろ教えてもらっています」

武装小隊には、頼りになる女性の先輩がいる。しかし高校卒業後、間もない若い女性にとって空対空ミサイルが目の前にどーんとあるのは、どんな気持ちなんだろうか。

「最初は作業中、おっかなびっくりでした。でも突然爆発するものではないので、今はミスがないよう気をつけています」

武器整備員は列線で鍛えられる。ミサイルを取り扱うのが仕事だが、彼女たちも普通の女性である。

「空自に入って、朝起きたばかりでも即応できる訓練はしているので、一般人より動作や準備は早いと思います。休日は気分転換になる買い物が好きです」

偵察航空隊整備隊武装小隊 榎本歩空士長。RF-4は「頑張っているおじいちゃん。最初はF-2がカッコよかったけど今はファントムが好き」

女性自衛官たちだけの女子会のような集まりはないのだろうか。

「女子会というほどではありませんが、数か月に一回、女性だけ集まって、仕事や生活で不便を感じていること、改善して欲しいことなど話し合っています。たとえば、更衣室などの女性専用の施設が少ないことや、託児所も入間基地にはありますが、この基地にはありません」

榎本空士長の左手薬指に結婚指輪を見つけた。

「最近、結婚しました」

託児所は彼女にもいずれ必要になるだろう。

「主人は同じ職場の二つ年上の先輩です。同僚なので互いに話題や楽しみを共有できるのがよいところです」

榎本歩空士長にとってRF‐4はどんな存在なのだろうか。

「実は最初はRF‐4はあまり好きではなかったんです。もともと最新のF‐2や派手なブルーインパルスが好きで、ファントムには興味はなかったんです。でも整備しているうちに機体の特徴や機体によって出やすい故障など、個性が見えてくるじゃないですか。それで少しずつ愛着が湧いてきました。古い飛行機だからふざけて『空飛ぶおじいちゃん』って言っていますが、今では大好きです」

その空飛ぶおじいちゃんの引退する日が近づいている。

「寂しいです。その日は素手でさわって、お別れするでしょうね」

17　日本の空を支えて半世紀

――丸茂吉成空幕長

パイロット人生で最もほめられたこと

第35代航空幕僚長丸茂吉成《まるもよしなり》空将にF‐4へのメッセージをいただいた。

丸茂空将は第306飛行隊に最初に配属されて、のちに第301飛行隊長を務めた。総飛行時間約3800時間、そのうちF‐4は約2000時間だ。

――戦闘機パイロットになろうと、防衛大学校に入られたのですか？

「防大に入学してからパイロットの適性があることがわかって、それからパイロットになろうかなと。だから、それまでは戦闘機パイロットを希望していませんでした。陸自に行って、輸送科の隊長になろうと思っていました。輸送隊の車列のいちばん先頭を行くのが、格好いいなと思っていたくらいです」

――トラック野郎のリーダーからファントムライダーへ。それは意外な展開です。

「その頃の航空自衛隊の方針として、パイロットの訓練課程を終えた者は全員、まず戦闘機に行く。それで一定の時間、戦闘機を経験したあとに輸送機、救難機などに振り分けていました」

――それで希望は当時の最新鋭機のF‐15ですか？

「飛行教育の課程の修了時、当然、F‐15を希望しました。ところがF‐4に行くことになった。しかし、F‐15への機種更新がなされた時期だから、そのうちF‐15に行くことになると思っていたんですよ。でも人事担当者から『君はF‐15に行くことはない』と告げられました」

――それはなぜですか？

「将来、飛行隊長になる人間を確保しておかないといけないからです。『君の場合はF‐4飛行隊長要員だから、F‐15や輸送機はない』と言われました。それもいいかな、まあそういう運命なんだろうと思いましたね」

――それで最初のF‐4の任地はどこでしたか？

「小松です。F‐4の飛行隊でいちばん最後にできた第306飛行隊です。7年勤務しました」

――タックネームは？

「丸茂の茂をとって『ブッシュ』。当時、米国大統領がブッシュだったので、いい名前をもらったなと思っていました」

――F‐4は空幕長にとって、どのような存在でしたか？

「戦闘機の操縦者として、ほぼすべてです。面白かったですよ。F‐4の正面から見たシルエットが大好きなんです。形は非常に不格好な飛行機ですが、愛着を感じますね」

――飛ばすのに手がかかり、そこがまた可愛くなってくる。それがF‐4だと多くの関係者が言います。

「F‐4は飛行特性上、スピードが落ちると、非常に癖が強い飛行機です」

航空幕僚長 丸茂吉成空将。航空自衛隊のトップ。F-4部隊の隊長になるためF-4を知り尽くした。

――低速域のラダーコントロールが難しいと、皆さん言っていました。

「そうそう。そういう状況では左右に曲がる時は手で操縦するんじゃなくて、足でラダーを操作するんです。そこがほかの飛行機と大きく違うところです。それをどうやってパイロットが知るかというと、AOAという姿勢指示器が機体の仰角を数値で示してくれる。ある数値以上になると、左右方向への操縦は操縦桿ではなく、ラダーを使うわけです。外を見ている時に、いちいち計器を見てられない、だから音で知らせてくれるんです」

――ピーピーと警告音がするのですか？

「いいえ。そういう領域に近づくと『ポッポッポッ』と音がします。さらに飛び続けると『ポーー』という連続音になるんです。この段階になったら、左右に曲がるのはラダーを使わないと、機体は反対側にひっくり返っちゃいます。ある日、このAOAが空中戦訓練の時に故障していて、鳴らなかったんですよ」

――それは緊急事態です！

「そのため姿勢や機動の制御を誤り、F-4が落ちた事例が世界にはたくさんある」

――それで、どうされたんですか？

「その頃、私は部隊に行ってまだ日が浅く、後席に乗っていて、前席には大先輩が乗っていたんですよ。『あれ？今日は音が出ていない』と、途中で気づきました」

――危険を知らせる警報が出ない。

「おかしいなと思って、計器を見たら、もうポーーの状況に近づいたわけです『あっ、AOAが壊れてます』と前席に伝えました。『じゃあ、まずいから、空戦訓練は中止しよう』と前席の判断で帰投することにしました。普通に飛ぶには全然問題ない」

F-4EJ（写真）、改ともに直径4.8mのドラックシュートで制動。着陸後の再収納は力仕事。「入隊当時、女性の力では辛かった」と整備の宍戸2曹が回想。

――着陸する時は低速域になりますよね？

「そうです。着陸前は低速域で低高度、高仰角になります。F‐4の着陸は警告音が発している状態で操縦して降りないといけない。ところがその音が出ない」

――どう、されたんですか？

「そこで私がポーしたんです。後席で私が計器を見ながら『ポポポッ、ポーー』と口で警告音を出しました」

――空幕長が鳩ポッポの音を代役。それはすごい！

「前席の大先輩は『それ、いいなぁー』って。私のパイロット人生で最もほめられたのはその時です（？）」

“暗い”飛行隊?

——第306飛行隊のあとは、どのような勤務をされたのですか?

「その後は幹部学校の指揮幕僚課程に行って、空幕に勤務、外務省に3年出向、再び空幕に勤務して、その次が飛行隊長でした」

——どちらの飛行隊に?

「当時、宮崎県の新田原にあった第301飛行隊です」

——いま百里の第301飛行隊の部屋には歴代の飛行隊長の写真が飾られています。織田邦男元空将、それからF-4EJ改に機種転換訓練で最初に乗った第7航空団飛行群司令岡田1佐も飛行隊長していた飛行隊です。取材した時点で、第27代隊長は唯野1佐でした。タックネームはそのままでしたか?

「ニトロです。誰かが適当に付けたんですが、短気だったんですかね?」

——空幕長が率いた時の第301飛行隊はどんな飛行隊だったですか?

「人件費の高い飛行隊ですね。第301飛行隊はF-4への転換教育をやっていました。複座なのでまず人間が多い。さらに指導する者は階級的には3佐くらいで古参が多い。人件費がいちばん高かったんじゃないかな」

——最初に勤務した第306飛行隊はどんな雰囲気の飛行隊だったですか?

「第306飛行隊は、よく言われたのが〝暗い〟飛行隊。たぶん発足した当初から、厳しい人が集まったのでしょうね」

――F‐4飛行隊は、どこも皆、明るくて闊達だと聞いていますが……。

「私がいた時は、わりと寡黙でしたね。でも人数が多いから、いろいろな人たちがいて、厳しい方も多かった。だからそう言われたのかもしれませんね」

――第306飛行隊はほかのF‐4部隊とは気風が異なっていたのですね。

「冬季には、小松は雪が降るんで訓練できなくなる。それで太平洋側の百里に時々、移動訓練に行くんですよ。すると百里の第305飛行隊の連中が『天気が悪くなってきたなー、暗いと思ったら306が来てらー』とかからかうんですよ」

――F‐4に6個飛行隊があった頃、第305飛行隊がいちばん猛者揃いだと聞いています。空幕長から見て、第305飛行隊はどうだったんでしょうか。

「そう言われればそうかもしれないですね。しかし、暗いと言われた306は、F‐4改をいちばん最初に配備された部隊です」

――最精鋭の飛行隊の証しではないですか。「改」の初号機を担当した三菱重工のエンジニアから小松基地に行った時の話を聞きました。不具合が出て、小松基地に行ったところ怖い飛行隊長からものすごく怒られたと言っていました。

「その方だけではなく、歴代の飛行隊長は仕事に厳しい人が多かったですね」

航空自衛隊を支えた屋台骨

——F‐4で学んだ複座機式会話術が地上での仕事で役に立ったことはありますか？

「前席に乗っている者はどうしても自分でできないこともあるから、仕事を分けている関係上、後席の者には能力の最大限の力を発揮してほしい。だから高圧的になったり、厳しく接するばかりでは、後席の者は委縮してしまいます。戦闘機に乗っていれば、究極の場面もあります。バディに高圧的な態度とるのは意味がないですね」

——すると、人を動かすコツは？

「少なくとも感情的にならない。そして高圧的にならないことでしょうか。言い方ひとつで、人は気持ちよく仕事をするものです」

——空自にとって、最初で最後の複座戦闘機F‐4ファントムの果たした役割はなんだったのでしょうか？

「航空自衛隊の屋台骨だったと思います。F‐4が6個飛行隊あった頃、航空自衛隊には13個飛行隊の戦闘機部隊がありました。F‐1が3個飛行隊、F‐15が4個飛行隊、残りの6個がF‐4でした。13分の6がF‐4なわけですよ。そして複座ですから、パイロットの人数は倍です。12個飛行隊分の人間がいた。残りは単座のＦ‐１とＦ‐15で７個飛行隊分のパイロットです」

――絶対的な多数だったのですね。

「だから空自の戦闘機部隊の中心だったわけです。Ｆ‐４飛行隊のパイロットが航空自衛隊の主力であり、中核であり、背骨になっていたんだと思います」

――そのＦ‐４が退役します。

「１９７３年に百里で第３０１飛行隊が誕生し、２０２０年度に同じ百里で終焉を迎えます。これは時代の流れで、戦闘機の能力が落ちて消えていくのは宿命です。四十数年間、日本の空を守ってきた。だから最後の最後までしっかりと、とくに首都圏の防空で頑張ってもらいたいと思います」

18　永遠の翼「F‐4ファントム」

ファントムライダーがF‐35を飛ばす！

現在、F‐4が稼働しているのは2個飛行隊。かつては6個飛行隊が稼働していた。第7航空団副司令の辻1佐は、最初に第304飛行隊、次に第301飛行隊に配属された。

「ファントム乗りとして必要なことは人間形成を含めて、第301飛行隊ですべて教わりました」

かつての暴れん坊は、第301飛行隊で成長したということだろうか……。飛行隊よって雰囲気は違うのだろうか？　この質問には元F‐4パイロットでいくつかの飛行隊を経験した広報担当の秋葉3佐が答えてくれた。

「私が知る限りF‐4飛行隊の中でいちばんの無頼派は第305飛行隊です」

F-4EJ時代の第305飛行隊は百里周辺の飲み屋では出禁になるほどだったという伝説。写真は小松基地を離陸する305のF-4EJ。

最もワイルドだった第305飛行隊は現存するが、機種はF-15に変わっている。しかし、F-4ファントムのDNAはそう簡単に失われない。

「機種は変わっても、伝統は残るんじゃないですか。長いあいだに培われた気質は連綿と生き続けますから。これはどこかでポッと出るものです」

F-4の機体は用廃になってもスピリットは残るのだ。しかし近い将来、第301飛行隊、第302飛行隊は廃止され、ファントムライダーはいなくなる。彼らはどこに行くのだろうか？

「飛行教育部隊の教官になったり、新しいF-35の部隊に行ったり、松島基地でF-2に乗ったあとF-4に来た者もいますから、またF

F-4EJ改の後継機として導入が始まった第5世代戦闘機のステルス戦闘機F-35A。（航空自衛隊）

・2に戻りますよ」

ファントムライダーたちが、仮にF・35ステルス戦闘機部隊に行ったとしよう。そこは限りなくF・4飛行隊に近い雰囲気になるのだろうか。空中でレーダーに映らない沈黙の戦闘機部隊も地上ではとてもうるさいのだろうか。

「そう、なっちゃうかもしれない。空では沈黙していればいいんですけれどね」

辻副司令は再び笑みを浮かべた。F・35に乗る第301飛行隊。最強のF・35戦闘機部隊になる可能性がある。機種変更にともない部隊マークも変更されるという噂もある。

「部隊マークの変更は、われわれが決めることではないのです。しかし、なくなるのは寂しいものです。飛行隊の番号を引き継いでもらうのであれば、同じマークを残してもらいたい」

（唯野第３０１飛行隊長）

筆者も同じ気持ちだ。第３０２飛行隊のマーク、オジロワシの運命はどうなるのだろう。

Ｆ‐35はステルス戦闘機だ。空中では目視に対しても低視認性が要求される。ところが第３０２飛行隊の尾翼のオジロワシは、とりわけ目立つ。Ｆ‐35では国籍マークの日の丸だって、薄いグレーで描かれている。第３０２飛行隊が三沢基地に移動とともに、このオジロワシのマークがなくなるかもしれない。

「もともとこのマークは特別で、空自機の中でもいちばんでかいマークなんですよ。これがなくなることに反対する声も多いんじゃないですか。もしかしたら、こうなるかもしれない」

そう言いながら第３０２飛行隊長の仲村2佐は、右肩に付けた部隊マークのワッペンを外した。グレーのオジロワシだ。低視認性のパッチである。これならば見つかりにくい。それがすずめサイズの小さな絵柄で尾翼に描かれるのか……。

「オジロワシは飛行隊の守り神ですから」

筆者も変えないほうがいいと思う。乗る機体がＦ‐４からＦ‐35になるのは、はっきり言って、つまらないのではないかと心配してしまう。

「そんなことないですよ。あれはすごくいい飛行機です。将来の空自の戦闘機の運用、戦闘方法は、あの飛行機が中心になっていくはずです」

そんな時、第3世代機のファントムライダーたちの資質は第5世代機に役立つのであろうか？

「F‐4は、現在では飛行機自体の性能があまり高くないので、戦闘では自分の頭の中で、敵がどこにいて味方がどこにいて、どのように機動するのか考えながら、戦術を組み立てます。F‐15の近代化改修機はレーダーディスプレイに必要な情報がすべて表示されるようになっています。当然、F‐35も同様です。機械の性能は格段によくなっています。しかし、それも使う人の能力によって差が出ます。いま高い技量を持っているファントムライダーたちがF‐35に乗れば、それをさらに使いこなせる。レーダーを見なくても、だいたい敵と味方がどこにいるかわかっている。今ここでやっていることはF‐35でも大いに役立つと思います」

機械に頼らず戦える。複座のF‐4から単座のF‐35になっても、ファントムライダーであることは変わりない。最強のF‐35飛行隊の登場だ。

「操縦は今までの経験から問題ないです。ほかはコンピュータがカバーしてくれますから」

第302飛行隊の性格が変わる。

「最初は機数が少ないので、それに応じた運用になると思います。数が増えて行けば、さまざまな用途での積極的な運用も可能になるのではないかと思います」

その時は、F‐4で培った技量の本領発揮である。

「F‐35は飛行機を飛ばすことに関しては、たぶん面白味はなくなるんじゃないかと思います。しかし、運用に関してはＦ‐４よりもやりがいがあると思います」

Ｆ‐４飛行隊の気風を伝える

パイロットたちがＦ‐４から降りて、飛行訓練が終了すると、ようやく一日も終わりに近づく。

「あとは整備機材の片づけなどの地上の安全確認です。それで今日もフライト終了となります。隊長室に戻り、服務規則違反などの報告がなければ無事終了です。あとは外にあるオジロワシの尾翼を見てから帰ります」（仲村飛行隊長）

「一日の終わりはしっかり職務を遂行できたという充実感があります。司令部を退出する時は当直の勤務員に『ひと晩よろしく頼む』と声をかけます。あとはゲートを出る時に警衛の勤務員にも『よろしく』と声をかけます」（柏瀬団司令）

第３０１飛行隊のパイロットは、一日が終わって家路につく時、飛行隊の一角に飾ってあるカエルの木像の頭を撫でて帰る。その日の無事への感謝であり、また明日、ここに帰って来るとの意思表示だ。

永岡１尉には今後のことで悩みがある。

「Ｆ‐15やＦ‐35、あるいはＦ‐２に移った時、このＦ‐４飛行隊の気風をどう引き継いでいくかです。Ｆ‐４の飛行隊は、ふだんから階級の上下や勤務歴の長短などをあまり意識せず、風通しがいいんですよ。それをどうやって、いずれ仲間になる単座機で育てられたパイロットに伝えるかちょっと悩んでいます」

筆者は大学の非常勤講師をしている。人に教えることについては多少の経験がある。少し考えて妙案が浮かんだ。帰宅時に基地から自分の車で送るのだ。その時、同乗者を運転席の真後ろの席に座らせて、これがF‐4式の教え方だと言うのはどうだろう。

「いいかもしれないですね。お前たちには前後席の経験がないから、俺が車内でそれを教えてやるっていうわけですね」

もう一つ大切なのは、数々の素晴らしいタックネームを生まれた飲み会だ。

「飲み会は、いちばん雰囲気作りができると思います。F‐4飛行隊の空気を直球で伝えられる場じゃないですか」

F‐4飛行隊の雰囲気はなんとしてでも、各飛行隊に伝えて欲しいと筆者も切望する。

OBファントムライダー座談会

退役したファントムライダーたちは、今でも時々集まることがある。

退役しても彼らの付き合いは濃くにぎやかだ。織田邦男元空将、杉山政樹元空将補、倉本淳元2佐、吉田信也元2佐、吉川潔元2佐にF‐4を語っていただいた。

上空で機体の輪郭を不明瞭にする効果を狙った２色のフェリス迷彩を試したF-4EJ。

――Ｆ‐４はパイロットから見て、男か女か？
杉山「私にとっては彼女のような存在でした」
吉川「私も女性です。でもあまり美人じゃない」
倉本「どちらかというと中性的な存在。あんまり、そんなことは考えたことないですね」
織田「女性ですよ。乗る前は年上の女性。乗りこなしたら、すごくかわいい娘になる」
――変身するのでしょうか？
織田「最初は飛行機に乗っているのではなく、乗せられている。だから年上の女性」
杉山「それがだんだんと個性的な可愛い彼女になるんですよ。その個性に惹かれていくし、でも言うことを聞かないようなところもある」
――機体番号だと、何番ですか？
杉山「３１３号機。戦競で優勝した時の乗機で

吉川潔氏のラストフライト（2015年6月25日）の記念写真。国民の知らない遠い空を舞台に戦ってきた。やり切った充実感の顔がそれを物語る。

すよ。感情移入して、それがだんだん大きくなっていくのかなー」

――乗る前にＦ・４に話しかけますか？

杉山「故障しないように、よろしく頼むよと心の中で声をかけました。ここ一番という時は非常に感情移入してしまいますね」

――退役するＦ・４に最後に見せたいのは？

杉山「やっぱり一緒に朝日を見たいよね。それも東シナ海の朝日」

――女性だけど、恋人ではない？

杉山「それは一緒に戦っているメンバーだし、命を預けているところもある。パイロットならばその気持ちが理解できると思うけど、落ちる時はベイルアウトするより、一緒に落ちてもいいという者もいる。なかにはＦ・４を捨てた奴もいるけど」

倉本「いや、あの時は……」
吉川「お前がＦ‐４に捨てられたんだよ」
――退役するＦ‐４に言葉をかけるとしたら……。
倉本「あのエンジン音が聞こえなくなるのは、すごく寂しいです。計画以上に延命して飛んできたので本当にお疲れさんという思いです」
吉田「心からの気持ちとして、ご苦労さん、よく頑張ったなと思います」
吉川「ご苦労さんでしょうね。これ以上、何かを求めたらかわいそうでしょう」
杉山「もう、十分やってきたからね」
織田「Ｆ‐４で任務中に殉職した人もいるわけですよ。その人たちの思いも乗せてＦ‐４と関わったすべての人の心の中で飛び続けてくれるでしょう。そこでは永遠に飛べる。Ｆ‐４に対する愛情は女房より上ですから」

Ｆ‐４、その最後の日まで戦う

百里基地の一角。勤務する隊員たちの駐車場がある。その隅にオジロワシが３羽、地上で翼を休めているかのように、３機のＦ‐４が駐機している。

用廃になったＦ‐４は、仲間の他機を飛ばすために足りないパーツの供給元になっている。その１

機、機体番号97‐8420。

許可を得て翼の先端に触れさせていただいた。かつて松島基地で、蘇った翼F‐2Bの106号機に触れた時も〝それ〟はいた。

F‐4、420号機。あっ、筆者は声を上げそうになった。ファントムの精魂が、まだ用廃になった420号機には宿っている。420号機は自身のパーツを仲間に与えながら生きている。

（まだ身を削って戦っていますね）

筆者も420号機に心の中で語りかけた。

それに答えるように、コンコンコンと音がした。機体から外された胴体パネルの一部が辛うじてぶら下がっている。それが風で揺れて、機体を叩いた。

筆者は、それが420号機からの返事だと感じた。

「そう、私はまだ地上で戦っている」と聞こえた。

（仲間を最後の日まで助けていますね）再び語りかけた。

420号機のパーツが、また自らの機体を叩く。まだ戦えることをアピールしている。420号機はまだ生きている。

百里基地に来て、初めてF‐4と話せた。420号機は地上にあって、仲間のF‐4を飛ばし続けている。戦いは終わっていない。

三菱重工でアイランを終えた最後の機体は、2019年4月に百里基地に帰ってくる。IHIで定期検査を終えた最後のエンジンはすでに納入された。その後は、この基地内ですべてやりくりしないとならない。

そして自衛官ならば定年退官となる飛行機が何か月に1回出てくる。

「2013年の戦競の乗機は用廃になったんですよ。やっぱり悲しい。用廃になる機はセレモニーをやります。記念撮影などをします」（田畑1尉・第302飛行隊）

一緒に戦った相棒が用廃になるのは辛くて悲しい。列線整備員の気持ちも複雑だ。

「F‐4には正直、引退して欲しくないですね。整備員になった時からずっと触っているんで、このまま最後まで整備していたいです。今まで私が担当した機体も何機かは運用時間が終わり、任務が終了して用廃になりました。用廃になる機体には脚立に登ってコクピットの前の部分に酒をかけてやりました。寂しいです。自宅にF‐4のプラモデルがありますが、まだ作っていません。いつか記念に作ろうと思っています」（藤江3曹・第301飛行隊整備小隊）

用廃になるF‐4が最後のフライトを終えると、岡田群司令は必ず素手で機体に触れて「ご苦労さん」と言葉をかける。

一枚の写真がある。388号機。2017年8月30日に用途廃止となった。

388号機の機体には、金子機付長の名前がある。そして、思い思いのメッセージが書かれてい

MD社と三菱が生産したF-4の総数は5195機。機番"440"(シシマル)はその最終号機。「スミソニアン博物館級だ、いや動態保存だ」。OBたちもその行方を見守る。

る。岡田群司令が388号機に手を触れた最後の瞬間が写っていた。

「これは私の宝物。金子機付長が撮ってくれて、一枚プリントして渡してくれました。『ご苦労さん』。そのひと言です」

用廃にされていくF-4もある一方、今も第一線で戦い続ける名物機がある。

「F-4ファントムの最終号機は、第301飛行隊の440号機、別名、獅子丸です」(岡田群司令)

なんとか一機くらいは動態保存をしてほしいところだが、予算もかかり、それは無理だ。

「アメリカに引き取ってもらってスミソニアン航空宇宙博物館に飾ってもらいたいですね」(岡田群司令)

Ｆ‐４は最後の日まで、戦う戦闘機でなければならない。
「まだ終わっていませんが、最後までありがとうですね」（柏瀬団司令）

それぞれの別れ

本書の取材に協力していただいた方々に、Ｆ‐４ファントムへの思い出と別れのメッセージをいただいた。
「なくなっちゃうのは寂しいですが、長い間、お疲れさまでしたという気持ちです」（西恵美３曹・管制隊管制班）
「お疲れさまです。そして、ありがとう」（仲村２佐・第３０２飛行隊長）
「私を含めて、気を抜かず、最後まで頑張ろうと言いたいです」（小野１尉・第３０２飛行隊）
「Ｆ‐４は航空自衛隊で45年近くずっと第一線で頑張ってくれました。元気に最後まで飛び続けて欲しいです」（唯野１佐・第３０１飛行隊長）
「本当にご苦労さまでした」（平川３佐・第３０１飛行隊）
「もう、感謝の言葉しかないですね」（濱井３佐・第３０１飛行隊）
「日本でいちばん長く運用されているから、お疲れさまです。今も元気に飛んでるんで、よくここまでって感じです」（永岡１尉・第３０１飛行隊）

「お疲れさま、ありがとう」（園田3佐・第301飛行隊）
「F－4は私にとって相棒でしょうね。水平尾翼が下に向いているところが好きです。ファントムは乗るのが難しいんです。癖があるんですよ。車にたとえると二世代前くらいのダンプカーでしょうか。今の車みたいにオートマチックで簡単にシフトチェンジできて、アクセル踏めばあっという間に加速する。ハンドルを切ればきれいに曲がるというのと、ファントムは真逆でね。操縦桿を倒しても思いどおりに動かない。すべてにおいて手がかかります。だから人間らしいと言えば人間らしいです」（軍司1佐・偵察航空隊司令）
「私の場合はF－4しか乗っていないので、F－4に育ててもらいました。ここまで育ててくれてありがとうという気持ちです」（今泉1佐・第501飛行隊長）
「ご苦労さまのひと言。それ以外にありません」（元木3佐・第501飛行隊）
「長く活躍してくれて、ありがとう」（坂本3佐・第501飛行隊）
「丸ごと持って行けるならば自宅の庭に飾りたいですね」（中面3佐・第501飛行隊）
「尾翼を家の前に飾って表札代わりにしたいです」（鈴木3尉・第501飛行隊）
「お疲れさまでした。失礼な言い方になりますが、人間ならばおじいちゃんですからね」（大門3佐・偵察情報処理隊隊長）
「もし部品を持ち帰れるならば、コントロールスティックの頭をいただきます。それかタービンブレードを1枚かな。パイロットに聞いたら、HUDシステムのガラスを持ち帰りたいと言ってましたよ」（朝倉2尉・第301整備小隊長）

「自分を整備員として育ててくれてありがとう。先輩からは『F‐4をやったらどんな飛行機でも整備できる』と言われました。それほど手間がかかり、難しい飛行機です。F‐4を経験できたのはすごくよかったなと思います」（中村3曹・第302整備小隊）

「最高の機体だよね、F‐4しか知らないんで」（大河原1曹・第302整備小隊）

「F‐4は先輩ですが、私には男の相棒です。退役していく時期が、私が定年退職で自衛隊を去る時期と重なるので、お互い頑張ったねという思いですね」（秋葉3佐・渉外室長）

皆のF‐4への思いは消えることはない。

「431号機で、エンジニアとして自信がつきました。そういう経験からも感謝です。431号機は息子ですから、その息子が立派に育って、間もなく定年を迎えます。本当にお疲れさまでした。もし、いいと言われたら、431号機をそっくり持って帰りたい。部品だったら、ACS、武器を制御するアーマメント・コントロール・セットですね。それをずっと設計開発していたんで」（尾関氏・元三菱重工F‐4EJ改担当）

「F‐4を通じて、多くのことを学びました。ありがとう。そして今までご苦労さまでした。でも、まだまだ活躍してほしい気持ちもあります」（真田氏・三菱重工F‐4プロダクトマネージャ

ー）

「技術者として向上するためのいろいろな機会を作ってくれた飛行機なので感謝の気持ちでいっぱいです。何か持って帰っていいならば水平尾翼ですね」（広瀬氏・三菱重工主席技師F‐4構造設計担当）

「われわれがいろいろな技術を学んだのはJ79エンジンからなので、われわれを育ててくれて本当にありがとう。感謝しています」（池崎氏・IHI整備補給計画部主幹F110／J79担当）

「まだ運用中なので、エンジンドクターとしては何事もなく、最後まで無事に運用してほしいと思います。もらえるならエンジン1台欲しいですね」（上東氏・IHI瑞穂工場長）

「エンジンにはよく頑張ってくれたなと声をかけてやりたいです。飛行機には私が整備したエンジンだったから、調子よかっただろう？と自慢したい気持ちもあります」（大口氏・IHI瑞穂工場エンジン組立担当）

「J79エンジンを手がけたことで、整備の仕事をやっていくうえで、ちょっとステップアップできたと思っています。その意味で感謝しています。もらえるなら、もちろんエンジン。家に飾っておきたいです」（郡山氏・IHI瑞穂工場技術担当）

「老兵は死なずですね。もし何かいただけるなら、照準器がいいです」（新谷かおる氏）

「F‐4は機械じゃなくて生き物だよね。百里でコクピットに座った時、やっぱりベトナムで戦い

吉田信也氏が上空で撮影したF-4は力強く、そして美しいF-4のすべてを見せていた。「F-4ファントムよ、永遠に！」

抜いた獰猛な生き物だと実感した。ファントムに関わった人間にしかわからない愛着や魅力を忘れることはない。そう、お前は格好いい猛獣なんだ」（史村翔氏）

ファントムライダー、整備員たちにはそれぞれのF-4ファントムとの別れのセレモニーがあると思う。

「検査隊のわれわれは、機体全般と燃料系統とシートを整備するんです。だから、もしいいと言われれば、シートアッセンブリを家に持って帰りたいですね。茶の間に置いて座ってテレビを観たいです」（堀江1曹・第7航空団整備補給群検査隊）

「記念にRF-4の部品が持って行けるならば、カメラのレンズです」（大門3佐・偵察

「部品を譲ってくれるならば、スティック、操縦桿です。いちばん長く触ってますからね」（園田3佐・第301飛行隊）

「1機持ち帰り可能だったら、家に飾りたいですね。毎日コクピットに座ります。それで翼の下で毎晩眠ります」（仲村2佐・第302飛行隊長）

「できることなら1機丸ごともらって、これからもF‐4と過ごし続けたい」（田畑1尉・第302飛行隊）

辻元副司令にもF‐4を家に持って帰っていいと言われたら、どうするか尋ねた。

「維持費と土地があれば、持って帰って庭に飾りたいですね。F‐4にかける最後の言葉は何もありません。一心同体だった、その気持ちを忘れなければ、それでいいと思います」

かつて単座戦闘機で戦った搭乗員は「大空のサムライ」と呼ばれた。複座戦闘機ファントムを駆る二人の搭乗員は何と呼ばれるのだろう？　複座だから「大空の兵《つわもの》ども」であろうか。近い将来、その兵どもが操った空自のF‐4ファントムは退役する。

しかし、F‐4ファントムの精魂はこれからも大空を飛び続けるだろう。

おわりに

本書の取材は2017年12月、杉山良行空幕長（当時）のインタビューからスタートし、F‐4飛行隊が所在する百里基地、三菱重工小牧南工場およびIHI瑞穂工場の各技術者、丸茂吉成空幕長まで、約半年、F‐4ファントムと関わった方々を訪ね歩き、インタビューし、多くの貴重な談話やご教示をいただいた。

取材を通して、航空自衛隊では最初で最後の複座戦闘機となったF‐4が、一時代の日本の防空を担う主力として活躍し、複座機ゆえに最大時には、空自のパイロットの多くをファントムライダーが占め、それが図らずも空自の「文化」の一端を形成する役割をも担っていたことを知った。

さらにF‐4が近代化改修を経て、50年近く飛び続けているのは、その背景にある多くの人々の努力と熱意の結果であることが、インタビューさせていただいた皆さんの言葉から伝わってきた。

これほど関わった人々に忘れえぬ記憶を残し、特別な愛着をもたらした戦闘機はほかにないだろう。それは、筆者はもちろん、多くの航空機ファンにとっても同じで、実はこの『ファントム愛』は日本のファンだけにとどまらないのである。そこで本書の取材で写真撮影を担当してくれた柿谷哲也カメラマンの談話を紹介したい。

今から十数年前、イギリスの航空雑誌の編集長から「日本のファントムを取材したいので、この実現のために力を貸してほしい」という相談を受けたことがある。その時は空幕広報室との調整がつかず、実現しなかったが、それほどヨーロッパの航空機ファンのあいだでファントムは絶大な人気がある。航空雑誌は各国のファントムを特集すると売り上げ部数が伸びるという。

彼らにとって日本のファントムは神秘的であり、憧れの存在なのである。

その後、ヨーロッパの旅行会社が当地の航空機ファンを対象に、毎年、航空自衛隊基地を外から見学するツアーを催行するようになり、邦貨で20万円を超える旅費を払って、日の丸戦闘機を見るためだけに多くのヨーロッパ人が来日するようになった。

2015年、私がNATO軍の演習でイタリア空軍のトーネード戦闘機を取材していた時、腕にF-4のシルエットのタトゥー（刺青）を入れたイタリア人のカメラマンがいた。それにはわざわざ『改』の文字も彫られていて、明らかに日本のF-4EJ改を示していた。

「君にとってのトーネードは、俺たちにとってはファントムだ」と彼は自慢した。

私はトーネードのタトゥーは入れていないし、ましてやファントム好きの日本人でもそんなタトゥーを入れている者は見たこともない。ところが外国のファンの一部では日本のファントムはブランドと化しているのだ。

世界で残るF‐4保有国のうち、最初に日本のF‐4がフェードアウトしそうなことに、ヨーロッパのファンたちは嘆いている。「民主主義の先進国で、航空文化が市民に広く開かれた国のファントムが、内外のファンの目に触れることがないまま、なくなるのはきわめて残念だ」「ほかの閉鎖的な5か国が退役するファントムを盛り上げることは考えられない。世界の航空史からファントムは人知れずひっそりと消えていくことになるだろう」

ヨーロッパのファンは、日本最後のF‐4退役の際に公開イベントが開催されることを望んでいる。それは日本のファンも同じ気持ちだろう。

あと2年あまりで空自のF‐4は全機退役し、半世紀におよぶ運用の歴史に幕を閉じる。その最後の姿を記録し、ファントムと出会い自らの誇りと喜び、苦労をともにした方々の思いと声を多くの国民に知ってもらいたかった。本書の上梓で、これを実現できたのは筆者にとって大きな喜びだ。

しかし、この物語はまだ終わらない。

百里基地の第301飛行隊を取材した時、ブリーフィングルームの一角に透明のアクリルケースの

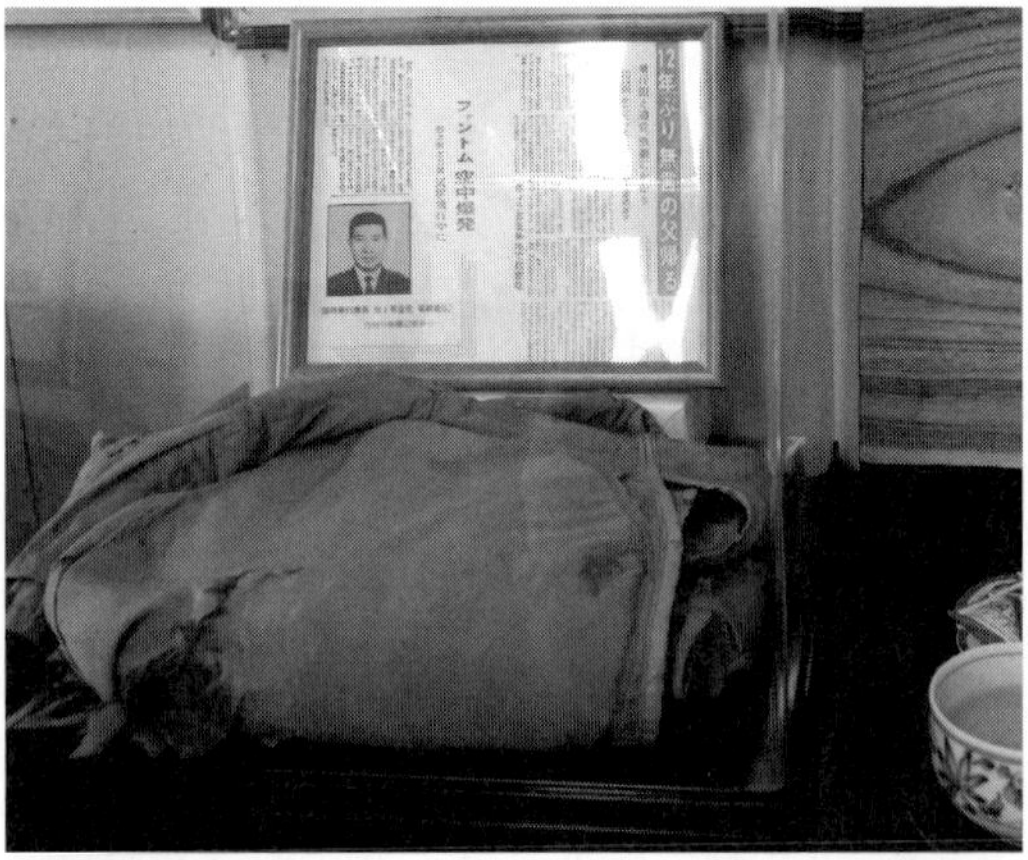

第301飛行隊のオペレーションルームに安置される故尾崎義弘１佐のＧスーツ。ケースの脇には「F-4 が301飛行隊から消える日をもって返納」と書かれている。

中に保管されているオレンジ色の旧タイプのＧスーツを目にした。

空自でＦ‐４の部隊配備が始まって、1年を迎えようとしていた１９７３年5月1日、百里基地を離陸したＦ‐４ＥＪ「３０４号機」は、鹿島灘沖の太平洋上空で原因不明の空中爆発により墜落した。搭乗していた臨時Ｆ‐４ＥＪ飛行隊（当時）の隊長尾崎義弘１佐と、阿部正康3佐は殉職した。尾崎１佐のご遺体は発見されなかった。その後、尾崎１佐のＧスーツと遺体の一部が漁網により回収されたのは事故から12年が経過した１９８５年1月であった。

アクリルケース内に大切に保管されているＧスーツは、まさに故・尾崎１佐が事故時に装着していたもので、第３０１飛行隊では毎朝お茶を供え、パイロットたちはここで手を合わせ、故人の冥福とともに飛行安全を祈っている。

アクリルケースには『Ｆ‐４が３０１飛行隊から消える日をもって返還』の一行が添えられていた。Ｆ‐４の退役にともない、このＧスーツはご遺族に渡されるという。そのご遺族とは尾崎１佐の次男尾崎義典空将補だ。防大卒業後、父のあとを継いでファントムライダーになった。尾崎空将補が父のGスーツを手にする時……、不幸にして別離した父子が再会する日だ。その日こそ、このF‐4の物語が終わる。

本書は、冒頭で記したように前著『蘇る翼F‐2B』の執筆のため、取材にご協力いただいた元空将補・杉山政樹氏との出会いがなければ実現しなかった。かつてF‐4ファントムのパイロットであった杉山氏には、今回も多大なご支援を賜りあらためて感謝申し上げます。

航空幕僚監部広報室、ならびに百里基地の第7航空団司令部監理部渉外室長の秋葉樹伸3佐には、たびたび面倒な取材調整にご尽力いただきました。厚くお礼申し上げます。

そして、三菱重工業株式会社・名古屋航空宇宙システム製作所小牧南工場、株式会社IHI航空・宇宙・防衛事業領域防衛システム事業部および瑞穂工場、米沢敬一氏、佐藤政博氏ほか、関係各位に心より感謝申し上げます。

F‐4ファントム、すべての関係者の皆様、ありがとうございました。

『永遠の翼』は、いつまでも私たちの心の中を飛び続けることでしょう！

2018年秋

小峯隆生

小峯隆生（こみね・たかお）
1959年神戸市生まれ。2001年9月から週刊「プレイボーイ」の軍事班記者として活動。軍事技術、軍事史に精通し、各国特殊部隊の徹底的な研究をしている。著書は『新軍事学入門』（飛鳥新社）『蘇る翼 F-2B―津波被災からの復活』（並木書房）ほか多数。日本映画監督協会会員。日本推理作家協会会員。筑波大学非常勤講師、同志社大学嘱託講師。

柿谷哲也（かきたに・てつや）
1966年横浜市生まれ。1990年から航空機使用事業で航空写真担当。1997年から各国軍を取材するフリーランスの写真記者・航空写真家。撮影飛行時間約3000時間。著書は『知られざる空母の秘密』（SBクリエイティブ）ほか多数。日本航空写真家協会会員。日本航空ジャーナリスト協会会員。

永遠《えいえん》の翼《つばさ》 F《エフ》-4《ヨン》ファントム

2018年11月15日　1刷
2018年12月20日　2刷

著　者　小峯隆生
撮　影　柿谷哲也
発行者　奈須田若仁
発行所　並木書房
〒170-0002東京都豊島区巣鴨2-4-2-501
電話(03)6903-4366　fax(03)6903-4368
http://www.namiki-shobo.co.jp
編集協力　渡部龍太、福田京子、彼島瑞生、
　　　　　矢澤愛実、鶴田萌々花
印刷製本　モリモト印刷
ISBN978-4-89063-378-4